高等学校电工电子基础实验系列教材

电工电子技术实验教程

主　编　高洪霞　于欣蕾

副主编　赵振卫　李　谦

审　阅　李　霞

山东大学出版社

前　言

本书依据山东大学制定的非电类专业"电工学"（又名"电工电子学"）课程教学基本要求编写，以山东大学电工电子教学实验中心多年使用的《电工电子技术实验指导书》为蓝本，吸收山东大学电工理论与新技术研究所及电工电子教学实验中心长期的教学经验和教学改革成果，由山东大学电工电子教学实验中心和山东大学电工理论与新技术研究所的老师共同完成。

全书共五章：第一章是电工学实验基本知识，简要介绍了电工学实验的基本要求、安全用电的基本常识以及常用的电路元器件和仪器仪表；第二章是电工技术实验，包含直流电路、交流电路、继电接触器控制实验；第三章是电子技术实验，包含模拟电子电路和数字电路实验；第四章是基于 Multisim 11.0 的仿真实验，包含直流电路、交流电路、模拟电路、数字电路仿真实验；第五章是综合性实验；附录是实验仪器设备简介。

本书的编写以符合基本教学要求和满足实验教学改革需要为目的，由浅入深，与理论教学同步，便于学生实践能力的逐步培养。本书首次将仿真实验单独设立章节，用虚拟仪器设备搭建仿真实验，增加了实验的趣味性，有利于提高学生参与实验的积极性，为学生提供了实现目的的多种手段，便于学生创新能力的培养。本书既可作为高等学校非电类专业"电工学"课程理论教学的配套实验教材，也可作为广大自学者学习"电工电子技术实验"课程的参考书。

本书第一章由高洪霞编写，第二章由高洪霞、李谦编写，第三章由高洪霞编写，第四章由于欣蕾编写，第五章由高洪霞编写，附录由高洪霞、赵振卫编写。全书由高洪霞主编并统稿，李霞审阅。

在本书编写过程中，作者学习借鉴了大量有关参考资料，在此向所有作者表示深深的敬意和谢意！本书承蒙山东大学电工电子教学实验中心王洪君、邢建平教授的帮助，同时也得到了山东大学出版社的大力支持，在此一并表示感谢。

由于编者水平有限，书中难免存在不妥和错误之处，恳请读者批评指正。

编者邮箱：gaohongxia@sdu.edu.cn.

编　者

2015 年 1 月于济南

目　录

第一章 电工学实验基本知识

电工学是一门以应用理论为基础、以专业技术为指导且操作性很强的课程,通过实验,让学生加深对所学概念、理论、分析方法的理解,掌握电工学实验的基本技能,提高运用所学理论独立分析和解决实际问题的能力,培养安全用电的意识。它侧重于理论指导下的实践、实验技能的培训以及综合能力的提高。

电工实验是电类课程中最基本的实验,所以掌握电工实验基本知识极为重要。

第一节 电工实验基本知识

一、实验目的与任务

1. 实验目的

实验是电工课程重要的实践教学环节,通过实验,不仅要使学生巩固和理解电工学的基本理论知识,更重要的是要培养学生掌握基本的实验技能,树立工程实践观,养成严谨、细致的科学习惯,同时具备观察、分析和解决实际问题的能力,为创新能力的培养打下基础。

2. 实验任务

实验项目是实验的载体,完成实验项目是实验的总体任务。为达到上述目的,实验开展要循序渐进,先完成基本实验,再根据所学理论知识,结合实际进行综合性及创新性实验设计。

二、实验基本要求

1. 掌握常用电工仪器仪表及电工设备的基本功能和使用方法。

2. 理解实验的基本原理,巩固和加深基础理论知识。

3. 正确、规范地连接实验线路,分析一般电气故障产生的原因,排除简单的线路故障。

4. 用细致、严谨的科学态度观测处理实验数据,同时要有一定的工程估算能力。

5. 学会整理分析实验数据、绘制曲线并能写出整洁、条理清楚、内容完整的实验报告。

6. 掌握基本单元电路和小系统的设计、组装和调试方法。

三、实验守则

1. 实验前要认真预习实验指导书，明确实验目的、要求及内容。

2. 注意保持实验室卫生、整洁。不准高声喧哗、打闹。

3. 爱护仪器仪表、设备及公共财物。

4. 实验分小组进行，组员必须分工明确，如分别负责接线操作、读数、记录等。

5. 在接、改线路及拆除线路时，必须断开电源，不得带电操作。

6. 实验前应首先检查实验器材、仪器仪表及设备是否完好。

7. 合闸时应密切注意仪器仪表、设备的工作情况，如有异常现象（如冒烟、产生火花、保险丝烧断、电机有特殊噪声等），应立即切断电源，报告教师及时处理。

8. 实验完成后，本人应先检查实验数据是否符合要求，有无遗漏，并将所有仪器、设备、导线整理好放回原处。

第二节　　安全用电

安全用电包括人身安全和设备安全。由于电气事故有其特殊性，发生事故时，不仅会损坏设备，还有可能引起人身触电伤亡、电气火灾或爆炸等严重事故，所以必须重视安全用电问题。

设备的安全问题包括的内容很多，本节主要阐述人身安全。

一、安全用电常识

1. 人体触电

人体触及或过分接近带电体时，有电流通过人体，这种现象称为触电。触电可分为电击和电伤两种。电击是指电流通过人体使体内器官或神经受到损害，直到死亡。电伤是指电流经过人体外部表皮造成的局部伤害。电击的危害性极大，电伤的危害虽不及电击严重，但也不可忽视。

2. 安全电压

发生触电事故时，人体受伤害的程度与人体触电部位、触电时间、电流大小、频率、触电者的身体情况等因素有关。当人体流过50 mA及以上的工频电流时，就会有生命危险；当人体流过100 mA及以上的工频电流时，就能致人死亡。一般认为低频电流比高频电流对人体伤害更严重。

通过人体电流的大小取决于触电电压和人体的电阻。人体的电阻通常为 $1 \sim 100$ kΩ，在出汗或潮湿环境中，会降到几百欧姆。按最不利的情况1000 Ω估计，当通过50 mA的电流时，人体所承受的电压为：

$$U = IR = 0.05 \times 1000 \text{ V} = 50 \text{ V}$$

所以，国际电工委员会规定 50 V 以下为安全电压，我国规定 36 V 以下为安全电压。

规定:在一般工作环境中,安全电压为 36 V;在空气潮湿、地面导电的环境中,安全电压为 24 V;在空气潮湿、有导电粉尘的环境中,安全电压为 12 V;在恶劣环境中,安全电压为 6 V。

3. 触电形式

常见的触电形式有单线触电、双线触电和跨步触电。人体某一部位接触带电体,电流通过人体流入大地,这种触电形式通常称为单线触电。最为常见的是单手接触相线,加在人体的电压是 220 V,电流流过心脏,很容易造成触电死亡事故。

当人体的不同部位分别接触同一电源的两条不同电压或不同相位的导线时,电流从一条导线经过人体流到另一条导线,这种触电形式称为双线触电。最常见的是双手分别接触两条相线,380 V 电压加在两手之间,大部分电流经过心脏,心脏将很快停止跳动。

当高压电线接触地面时,在地面的一定范围内产生电压降。人在此区域行走时,两脚之间存在一定的电压,这一电压称为跨步电压,这种触电形式称为跨步触电。人体距离高压电线接地点越近,跨步电压越大。如果遇到高压电线掉落,应停止行走,双脚并拢跳跃,尽快远离危险区。

4. 触电事故的急救

人体一旦触电,就得采用正确的急救方法,最大限度地挽救生命。急救的要点是动作迅速,切不可惊慌失措。

(1)首先使触电者尽快脱离电源。急救人员要想办法果断切断电源,或用绝缘物作为工具拉开触电者,使触电者迅速脱离电源。当触电者还清醒时,自身要设法迅速摆脱电源。

(2)拨打 120 急救电话,同时将触电者抬到通风处静卧。

(3)当触电者脱离电源后,应当根据触电者的具体情况,迅速地对症救护。如果触电者伤势严重,呼吸停止或心脏停止跳动,应立即施行人工呼吸和胸外挤压。

二、实验室安全用电规则

实验室安全用电,就是要保证人身和实验设备的安全,因此必须遵守下列安全规则:

1. 接线、改线、拆线必须在断电情况下进行。

2. 养成单手操作的习惯,防止误操作或开关发生故障时发生触电事故。

3. 电路中不允许留下悬空的线头。一定要选用足够长的导线连接电路。

4. 接线完毕,认真检查,同学互查,确认无误后方可接通电源。

5. 检查导线或设备是否带电时,应使用验电笔或万用表检测。

6. 实验中,随时注意仪器、设备的运行情况,仔细观察,如有异味、异响、冒烟、火花等,立即切断电源。

7. 设备不允许超额定条件运行,测量仪表不允许超过最大量程使用。

第三节　常用的电路元器件

一、电阻器

电阻器分为固定电阻器和可变电阻器两类。固定电阻器有合成膜、薄膜电阻器和线绕电阻器。合成膜电阻器由于其稳定性差、噪声大,只能用于要求不高的电路中。薄膜电阻器的镀膜有碳膜、氧化膜和金属膜,因而有碳膜电阻器、氧化膜电阻器和金属膜电阻器之分。金属膜电阻器与碳膜电阻器相比,体积小、噪声低、稳定性好,但成本较高。线绕电阻器的功率容量大,而且精度高,但由于是用电阻线绕制而成,具有一定的电感,故只能用于直流和低频电路中。

电位器是一种具有两个固定端头和一个滑动端头的可变电阻器,可用于调节电路中某一点的电位。

电位器有线绕电位器和薄膜电位器两大类,阻值范围为零点几欧姆到几兆欧姆,功率一般都有0.05 W、0.125 W、0.25 W、0.5 W、1 W和2 W几种。薄膜电位器的误差一般为±10%和±20%,线绕电位器的误差小些,可达±5%,而多圈线绕电位器的误差可小到±2%。

电位器有两种调节方式:一种是通过旋转轴带动滑动端,另一种是直线推拉滑动端。

二、电容器

电容器就是"储存电荷的容器"。尽管电容器品种繁多,但它们的基本结构和原理是相同的。两片相距很近的金属中间被某绝缘物质(固体、气体或液体)所隔开,就构成了电容器。两片金属称为极板,中间的物质叫作介质。电容器的电路符号如图 1-1 所示。

(a)定值电容器　　　　(b)可变电容器　　　　(c)微调电容器

图 1-1　电容器的电路符号

电容器在电路中具有阻碍直流电流通过,允许交流电流通过的特点,而且频率越高的交流电流越容易通过电容器(电容的容抗越小)。

电容器能够被充电和放电,也就是储存电能和释放电能,这是它的基本功能。电容器的充放电过程是一个暂时的不稳定过程,电路分析中称它为过渡过程,它所持续的时间称为过渡时间。在恒压充电期间,电容器上的电荷和电压按指数增长,电路中有一按指数衰减的充电电流;充电完毕,电流消失,电容器上的电压达到稳定值而不再变化。在放电期间,电容器上的电荷和电压按指数下降,电路中有一按指数衰减的放电电流;放电完毕,电流消失,电容器上的电压为零。

如果把电容器接在直流电路中,在电源开启时的充电和关闭时的放电(当存在放电回路时)这两个过渡过程中,电路中存在充电或放电电流。而当上述过渡过程结束,电路达到稳态时,电路中电流为零。这说明就稳态而言,直流电流不能通过电容器,相当于开路。如果把电容器接在交流或脉动直流电路中,由于电容器不停地充电、放电,电路中则始终有电流流过。可见,变动电流(交流)能够通过电容器。所以,电容器被广泛应用于各种耦合、旁路、滤波、调谐以及脉冲电路中。

电容器可分为固定电容器和可变电容器两大类。

固定电容器可以采用各种介质材料制成。习惯上,电容器都是按所选用介质材料的不同而分类的,如:①有机介质电容器,包括纸介质电容器、纸膜复合介质电容器和薄膜复合介质电容器;②无机介质电容器,包括云母电容器、玻璃釉电容器和陶瓷电容器;③气体介质电容器,包括空气电容器、真空电容器和充气式电容器;④电介质电容器,包括铝电解电容器、钽电解电容器和铌电解电容器。

常用电容器的特点如表 1-1 所列。

表 1-1　　　　　　　　　　　　常用电容器的主要特点

名称	型号	电容量范围	额定工作电压(V)	主要特点
纸介质电容器	CZ	1000 pF～0.1 μF	160～400	价格低,损耗较大,体积也较大
云母电容器	CY	4.7～30000 pF	250～7000	耐高压、高温,性能稳定,体积小,漏电小,电容量小
油浸纸质电容器	CZM	0.1～16 μF	250～1600	电容量大,耐高压,体积大
陶瓷电容器	CC(高频瓷) CT(低频瓷)	2 pF～0.047 μF	160～500	耐压高,体积小,性能稳定,漏电小,电容量小
涤纶电容器	CL	1000 pF～0.5 μF	63～630	体积小,漏电小,质量轻
铝电解电容器	CD	1～6800 μF	3～1000	电容量大,耐高压,损耗大

这些电容器中,容量最大的是电解电容器。这也是电解电容器的最大优点,能在很小的体积里具有很大的电容量。所以,一般大容量场合选用电解电容器。其缺点是绝缘电阻低,损耗大,稳定性较差,耐高温性能也差。

电解电容器是具有极性的电容器,在使用中要特别注意它的正负极(电容器引出线端标注有符号),否则极易招致毁坏。

除了上述铝电解电容器以外,还有高质量的用钽、铌等材料制成的电解电容器。它们的体积可以做得更小(即容量容易做得更大),而且稳定性、耐高温性等都优于铝电解电容器。但它们的价格相对较贵。一般 1 μF 以上的电容器均为电解电容器,而 1 μF 以下的电容器多为瓷片电容器,或者是独石电容器、涤纶薄膜电容器和小容量的云母电容器等。

可变电容器常用的有空气介质电容器和固体薄膜介质电容器两种。空气介质电容器的稳定性高,损耗小,精确度高。固体薄膜介质电容器制造简单,体积小,但稳定性和精确度都低,损耗大。

可变电容器容量的改变是通过改变极片间相对位置的方法来实现的。固定不动的一组极片称为定片,可动的一组极片称为动片。按照动片运动方式的不同,可变电容器分为直线往复运动式(很少使用)电容器和旋转运动式电容器两种。

可变电容器的主要特征之一是它的容量变化特性。它决定了调谐电路的频率变化规律。根据这个特性,旋转运动式可变电容器可分为线性电容式电容器、线性波长式电容器、线性频率式电容器和容量对数式电容器。

此外,可变电容器还有单联可变电容器和多联可变电容器之分。由于联数太多会导致制造困难,所以一般不超过五联。

电容器的耐压是指电容器长期可靠地工作时两端所能承受的最大直流电压,也叫作电容器的直流工作电压。不同类型的电容器有不同的工作电压范围。纸介质、瓷介质和云母电容器的工作电压范围为十伏到几万伏,而电解电容器的耐压值,最低为 3 V,最高可达1000 V。常用电容器的直流工作电压系列有:6.3 V、10 V、16 V、25 V、32 V、40 V、50 V、63 V、100 V、160 V、250 V、400 V、630 V等等。加在电容器两端的电压超过其最大安全电压时,电容器就会被击穿。因此,在设计电路时,应根据电路中的电压来选取电容器的耐压值,以确保电路工作安全可靠。

电容器的容量通常是用表示数量的字母 $m(10^{-3})$、$\mu(10^{-6})$、$n(10^{-9})$、$p(10^{-12})$ 冠以数字组合来表示。例如,10 nF表示 10×10^{-9} F＝10000 pF＝0.01 μF。电解电容器的容量大,用数字加单位 μ 直接表示,如47 μF、1000 μF等。另外,电容器的容量有时也用大于 1 的数字直接表示,单位为pF,如 330 表示330 pF,4700 表示4700 pF;有时也用小于 1 的数字直接表示,单位为 μF,如 0.01 表示0.01 μF,0.47 表示0.47 μF。

用万用表的欧姆挡可以简单测量电解电容器的优劣,粗略判别其漏电、容量衰减或失效情况,以便合理选用电容器。

(1)合理选择电容器型号。一般在低频耦合、旁路等场合,选择金属化纸介质电容器;在高频电路和高压电路中,选择云母电容器和瓷介质电容器;在电源滤波或退耦电路中,选择电解电容器。

(2)合理选择电容器精度等级,尽可能降低成本。

(3)合理选择电容器的耐压值。加在一个电容器两端的电压若超过它的额定电压,电容器就会被击穿损坏。一般电容器的工作电压应低于额定电压的 $50\% \sim 70\%$。

(4)合理选择电容器的温度范围,以保证电容器稳定工作。

(5)合理选择电容器的容量。等效电感大的电容器(电解电容器)不适合用于耦合、旁路高频信号;等效电阻大的电容器不适合用于 Q 值要求高的振荡电路中。为了满足从低频到高频滤波、旁路的要求,常常采用将一个大容量的电解电容器和一个小容量的适合于高频的电容器并联使用。

三、电感器

电感器是能够把电能转化为磁能而存储起来的元件。电感器就是由导线绕制而成的线圈，又称为"电感线圈"。电感器具有一定的电感，它具有阻碍电流变化的作用。电感器在没有电流通过的状态下，电源接通时它将试图阻碍电流流过；而在有电流通过的状态下，断开电路电感器将试图维持电流不变。电感器又称"扼流器"、"电抗器"、"动态电抗器"。电感器的电路符号如图 1-2 所示。

图 1-2　电感器的电路符号

电感器分为固定电感器、可变电感器、微调电感器。大部分电感器没有系列产品，实际使用中，常根据需要自行设计绕制。

电感器的电感标注一般采用直标法和色标法，其单位常用 μH、mH、H 表示。

电感器的品质因数也称"Q 值"，是衡量电感器质量的主要参数。它是指电感器在某一频率的交流电压下工作时，所呈现的感抗与其等效损耗电阻之比。电感器的 Q 值越高，其损耗越小，效率越高。

电感器品质因数的高低与绕制线圈的导线的直流电阻、线圈骨架的介质损耗及铁芯、屏蔽罩等引起的损耗等有关。

电感器分布电容是指线圈的匝与匝之间、线圈与磁芯之间存在的电容。电感器的分布电容越小，其稳定性越好。

电感器额定电流是指电感器在正常工作时所允许通过的最大电流值。如工作电流超过额定电流，则电感器就会因发热而使性能参数发生改变，甚至还会因过流而烧毁。

四、半导体二极管

半导体二极管简称"二极管"，具有单向导电特性。它有两个电极，分别称为阳极和阴极。

二极管根据结面积大小，可分为点接触型和面接触型；根据制造所用的半导体材料，可分为锗二极管和硅二极管，分别简称为"锗管"和"硅管"。锗管的正向导通压降为 0.2～0.3 V，硅管的正向导通压降为 0.5～0.8 V。

二极管的外壳上一般有型号和标记，标记箭头所指方向为阴极；有的二极管有一个色点，色点端为阳极端。当标记不清楚时，可用模拟万用表的电阻挡分别测量二极管的正反向电阻，根据电阻的大小确定极性；或用数字万用表的二极管测试挡，根据导通电压的大小确定极性。

五、晶体三极管

晶体三极管也称"半导体三极管"，以下简称"晶体管"，它具有放大作用和开关作用。

它的种类和型号较多,按材料分为硅管和锗管;按导电类型分为 PNP 型和 NPN 型。锗晶体管多为 PNP 型,硅晶体管多为 NPN 型。常用晶体管的符号如图 1-3 所示。

晶体管的三个电极一般可根据常识判断。对于金属封装晶体管,如有定位销,将底朝上,从定位销开始按顺时针方向,依次为 E(发射极)、B(基极)、C(集电极);若管壳上无定位销,三个电极在半圆内,管底朝上,按顺时针方向,三个电极依次为 E、B、C。

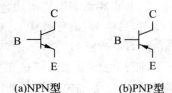

(a)NPN型　　　　　(b)PNP型

图 1-3　晶体管的符号

对于塑料外壳封装晶体管,面对平面,三个电极朝下,从左到右,三个电极依次为 E、B、C。

当管壳没有任何标记时,可用万用表判断晶体管的类型(NPN 或 PNP)和三个电极。

六、集成电路元器件

集成电路直接的外观是引脚多,所以正确判断引脚编号对安装、检测和维修电路尤为重要。

1. 圆形集成电路

面向管脚,从定位销起,按顺时针方向,依次为 1,2,3,4,…圆形多用于模拟集成电路。

2. 扁平型和双列直插型集成电路

将定位销上的凹口或小圆点置于左方,由顶部俯视,从左下脚起,按逆时针方向,依次为 1,2,3,4,…扁平型多用于数字集成电路,双列直插型广泛用于模拟和数字集成电路。

3. 单列直插型

将引脚向下,定位标记置于左面,引脚编号从左向右依次为 1,2,3,…

第四节　常用仪器仪表的使用

一、万用表

万用表(又称"多用表")是一种多用途、多量程的便携式仪表,它可以进行交、直流电压和电流、电阻等多种电量的测量。万用表分为指针式模拟万用表和数字万用表两种。

数字万用表的测量过程是先由转换电路将被测电量转换成直流电压信号,由模数(A/D)转换器将电压模拟量转换成数字量,最后把测量的结果用数字直接显示在屏幕上。与指针式模拟万用表相比较,数字万用表具有许多特有的性能和优点,如具有很高的准确度和分辨力,显示清晰、直观,功能齐全,性能稳定,测量速度快,过载能力强等。

数字万用表是在直流数字电压表的基础上扩展而成的。为了能测量交流电压、电流、电阻、电容、二极管正向压降、晶体管放大系数等电量,必须增加相应的转换器,将被测电量转换成直流电压信号,再由 A/D 转换器转换成数字量,并以数字形式显示出来。数字万用表的基本结构如图 1-4 所示。它由功能转换器、A/D 转换器、LCD 显示器(液晶显示器)、电源和功能/量程转换开关等构成。

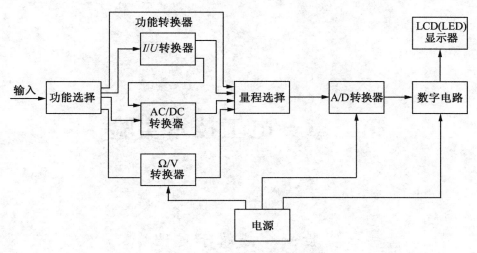

图 1-4　数字万用表的基本结构

常用的数字万用表显示数字位数有三位半、四位半和五位半之分。对应的数字显示最大值分别为 1999、19999 和 199999，并由此构成不同型号的数字万用表。

二、示波器

示波器是设计、制造和维修电子设备的工程师的必备仪器，是常用的电子仪器之一。它可以将电量随时间变化的情况直观地显示出来，以供观察、测量或分析。一般情况下，示波器水平轴（X 轴）表示时间变量 t，垂直轴（Y 轴）表示随时间变化的被测电量，该被测电量通常是电压。因此，屏幕上描绘出来的图形表示了被测电量随时间变化的情况，称为被测电量的波形。

示波器分为模拟示波器和数字示波器两大类。模拟示波器以连续方式将被测信号显示出来，而数字示波器首先将被测信号抽样和量化，变为二进制信号存储起来，再从存储器中取出信号的离散值，通过算法将离散的被测信号以连续的形式在屏幕上显示出来。

数字示波器向用户提供了简单而功能明晰的面板，以进行所有的基本操作。用户直接按 AUTO 键，可立即获得适合的波形显示和挡位设置。

三、信号发生器

信号发生器用于产生被测电路所需特定参数的电测试信号。在测试、研究或调整电子电路及设备时，为测定电路中的一些电参量，如测量频率响应、噪声系数等，都要求提供符合指定技术条件的电信号，以模拟在实际工作中使用的待测设备的激励信号。当要求进行系统的稳态特性测量时，需使用振幅、频率已知的正弦信号源；当测试系统的瞬态特性时，又需使用前沿时间、脉冲宽度和重复周期已知的矩形脉冲源，并且要求信号源输出信号的参数，如频率、波形、输出电压或功率等，能在一定范围内进行精确调整，有很好的稳定性，有输出指示。

数字合成函数信号发生器具有输出函数信号、调频、调幅、FSK、PSK、猝发、频率扫描、测频和计数的功能。操作方法可灵活选择，除了通过数字键直接输入以外，还可以使用调节旋钮连续调整数据。

第二章　电工技术实验

实验一　戴维宁定理

一、实验目的

1. 学习直流稳压电源、万用表和电流表的使用方法。
2. 加深对戴维宁定理的理解。
3. 学习用实验方法测量有源二端网络等效电源的内阻和电动势的方法。

二、预习要求

1. 认真阅读电工实验基础知识。
2. 复习有关戴维宁定理的内容。
3. 按图 2-1(a)所示电路中所给参数,用戴维宁定理计算有源二端网络等效电源的电动势、内阻 R_0 和电流 I_L,标出 A、B 端极性及电流表两端的极性。

三、实验原理

1. 戴维宁定理

任何一个有源二端线性网络就其外特性来说,可以用一个理想电压源和一个电阻元件的串联电路来等效替代。其中,理想电压源的电动势就是有源二端网络的开路电压;电阻等于将有源二端网络化为无源网络(即把网络中的独立电压源用短路替代,独立电流源用开路替代)后,两输出端之间的等效电阻 R_0。

2. 实验电路

实验电路如图 2-1 所示。

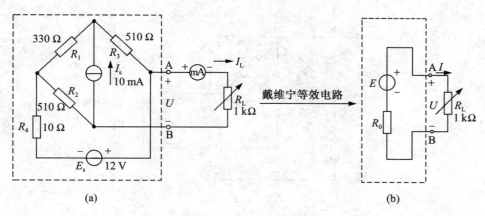

图 2-1　戴维宁定理的实验电路

四、仪器设备

直流稳压电源、恒流源、直流电流表、直流电压表、可调电阻箱（0～999.9 Ω）、数字万用表、弱电元件箱、九孔板。

五、实验内容与步骤

1. 准备工作

（1）将图 2-1(a)中所需元件从弱电元件箱中选出，插接固定在九孔板上。调节 R_L 至330 Ω（用数字万用表的 R×2k 挡测量）。

（2）将稳压电源的输出电压调至12 V，恒流源的输出电流调至10 mA，关闭电源待用。

2. 测量有源二端网络的负载电流

（1）按图 2-2 接线，保持 R_L 为330 Ω。

（2）打开电源，读出电流表指示值 I_L，记入表 2-1 中。

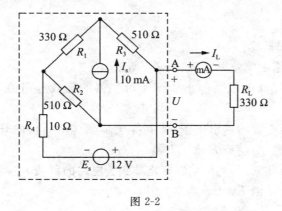

图 2-2

3. 测量有源二端网络的开路电压

如图 2-3 所示，用直流电压表测量 A、B 间的开路电压 U_0，即为等效电源的电动势 E，记入表 2-2 中。

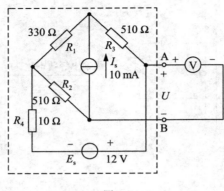

图 2-3

4. 测量有源二端网络的等效电阻

关闭电源,去掉恒流源 I_s 和电压源 E_s,并在原电压源端所接的两点用一根短路导线相连,如图 2-4 所示。用数字万用表的 R×2k 挡测 A、B 间的等效电阻,即为等效电源的内阻 R_0,记入表 2-2 中。

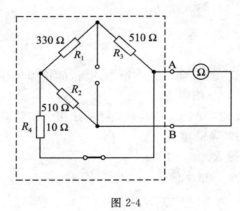

图 2-4

5. 验证戴维宁定理

构成有源二端网络的等效电路,如图 2-5 所示。

(1)调节电阻箱,使其电阻值等于步骤 4 所测得的等效电阻值,作为等效电源的内阻 R_0。

(2)调节直流稳压电源的输出电压,使其等于步骤 3 所测得的开路电压 U_0 值,作为等效电源的理想电压源(电动势 E 等于 U_0)。

(3)等效电路的负载 R_L 仍然用戴维宁定理实验电路的负载 R_L,且阻值仍为 330 Ω。

(4)读出电流表指示值 I'_L,记入表 2-1 中。

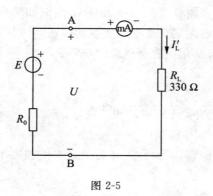

图 2-5

表 2-1　　　　　　　　　　　　实验一数据记录(1)

原电路测量值 I_L(mA)	等效电路测量值 I_L'(mA)	计算值 I_L''(mA)

表 2-2　　　　　　　　　　　　实验一数据记录(2)

	E(V)	R_0(Ω)
测量值		
计算值		

六、注意事项

1. 接线时注意正负极。
2. 换接线路时,要关掉电源。
3. 测量有源二端网络的等效电阻时,应将原电路中的电源去掉。

七、实验报告要求

1. 画出实验电路图(见图 2-2)及戴维宁等效电路(见图 2-5)。
2. 将实验数据及计算值记入表 2-1 及表 2-2 中。
3. 比较表 2-1 中各电流值,验证戴维宁定理,分析误差原因。
4. 比较表 2-2 中各值,分析误差原因。

实验二　交流电路等效参数的测量

一、实验目的

1. 学会使用交流数字仪表(电压表、电流表、功率表)和自耦调压器。

2. 学会用交流数字仪表测量交流电路的电压、电流和功率。

3. 学会用交流数字仪表测定交流电路参数的方法。

4. 加深对阻抗、阻抗角及相位差等概念的理解。

二、预习要求

1. 在50 Hz的交流电路中,已知一只铁芯线圈的功率 P、电流 I 和电压 U,如何计算它的电阻值及电感量?

2. 参阅实验三及课外资料,了解日光灯的电路连接和工作原理。

3. 了解功率表的连接方法。

4. 了解自耦调压器的操作方法。

三、实验原理

正弦交流电路中各个元件的参数值,可以用交流电压表、交流电流表及功率表,分别测量出元件两端的电压 U、流过该元件的电流 I 和它所消耗的功率 P,然后通过计算得到所求的各值,这种方法称为三表法,是用来测量50 Hz交流电路参数的基本方法。计算的基本公式为:

(1)电阻元件的电阻 $R = \dfrac{U_R}{I}$ 或 $R = \dfrac{P}{I^2}$。

(2)电感元件的感抗 $X_L = \dfrac{U_L}{I}$,电感 $L = \dfrac{X_L}{2\pi f}$。

(3)电容元件的容抗 $X_C = \dfrac{U_C}{I}$,电容 $C = \dfrac{1}{2\pi f X_C}$。

(4)串联电路复阻抗的模 $|Z| = \dfrac{U}{I}$,阻抗角 $\varphi = \arctan \dfrac{X}{R}$,其中,等效电阻 $R = \dfrac{P}{I^2}$,等效电抗 $X = \sqrt{|Z|^2 - R^2}$。

本实验中的电感线圈用镇流器。由于镇流器线圈的金属导线具有一定的电阻,因而,镇流器可以由电感和电阻相串联来表示。

本实验使用数字式功率表,其连接方法如图 2-6 所示,电压、电流的量程分别选500 V和5 A。

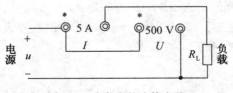

图 2-6　功率表的连接方法

四、仪器设备

交流电压表、交流电流表、功率表、自耦调压器、电感线圈(30 W 镇流器)、日光灯(30 W)。

五、实验内容与步骤

实验电路如图 2-7 所示,其中功率表的连接方法如图 2-6 所示,交流电源经自耦调压器调压后向负载 Z 供电。

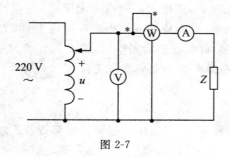

图 2-7

1. 测量镇流器的参数

图 2-7 所示电路中的负载 Z 为镇流器,将电压 U 分别调到200 V和100 V,测量电压、电流和功率,数据记入表 2-3 中。

表 2-3　　　　　　　　　　　　　　实验二数据记录(1)

$U(\text{V})$	$I(\text{A})$	$P(\text{W})$

2. 测量日光灯的参数

日光灯电路如图 2-8 所示,将镇流器与日光灯串联取代图 2-7 所示电路中的 Z,将电压 U 调到220 V(用交流电压表测量),并测量日光灯管两端电压 U_R、镇流器电压 U_{RL} 以及电路电流 I 和电路消耗的功率 P,数据记入表 2-4 中。

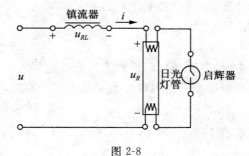

图 2-8

表 2-4　　　　　　　　　　　　　　实验二数据记录(2)

$U(\text{V})$	$U_{RL}(\text{V})$	$U_R(\text{V})$	$I(\text{A})$	$P(\text{W})$

六、注意事项

1. 通常,功率表不单独使用,要由电压表和电流表监测,使电压表和电流表的读数不超过功率表电压和电流的量限。

2. 注意功率表的正确接线,通电前必须检查无误。

3. 自耦调压器在接通电源前,应将其手柄置在零位上,调节时,使其输出电压从零开始逐渐升高。每次改接实验负载或实验完毕后,都必须先将自耦调压器的旋柄慢慢调回零位,再断电源。必须严格遵守这一安全操作规程。

七、思考题

当日光灯上缺少启辉器时,人们常用一根导线将启辉器插座的两端短接一下,然后迅速断开,使日光灯点亮;或用一只启辉器去点亮多只同类型的日光灯。这是为什么?

八、实验报告要求

1. 根据实验步骤 1 的数据,计算镇流器的参数。

2. 根据实验步骤 2 的数据,计算日光灯的电阻值,画出各个电压和电流的相量图,说明各个电压之间的关系。

实验三　　日光灯电路及功率因数的提高

一、实验目的

1. 熟悉日光灯电路的接线。
2. 学习交流电压表、电流表及功率表的使用方法。
3. 明确交流电路中电压、电流和功率之间的关系。

二、预习要求

1. 认真阅读本实验中的实验电路部分,熟悉日光灯电路的工作原理。
2. 复习正弦交流电路中提高功率因数的意义和方法的有关内容。

三、实验原理

1. 实验电路

实验电路如图 2-9 所示。

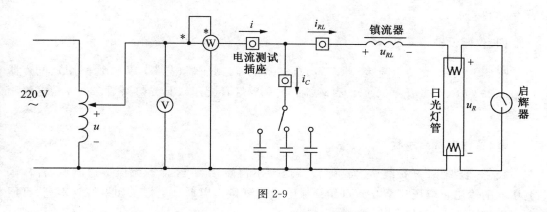

图 2-9

图中〇为电流测试插座符号。本实验电路中电流的测量是通过将插头插入插座而将电流表接在电路中。

2. 日光灯工作原理

日光灯电路由荧光管、镇流器和启辉器三者组成。

荧光管是一根充有少量汞蒸气和惰性气体的玻璃管。其内壁涂有一薄层荧光粉，两端各接有一个由钨丝绕成的灯丝。在交变电压下，两灯丝间电压交变，因而交替发射电子和吸引电子。发光的颜色随荧光粉不同而异。一般用作照明的荧光灯所发出的光接近于自然光，因此称为日光灯。

镇流器是一个铁芯线圈，它的作用有两个：①在日光灯启动过程中，借助它产生很高的自感电动势，使管内汞蒸气电离；②日光灯启动后，利用它限制电流，使荧光管工作稳定。

启辉器是一个小型辉光管，内充惰性气体，并装有两个电极，其中一个电极由线膨胀系数较大的双金属片制成。平常两个电极是不接触的，但当加上足够高的电压时，管内气体游离发生辉光放电。双金属电极因受热而向膨胀系数小的金属片那边伸长，使两电极触点接触，接触后电极间的电压立即降为零，于是放电停止，双金属片冷却后将恢复原状，两电极触点又断开，所以启辉器实际上是一个自动开关。

日光灯的启动过程如下：

电路接电源之初，电源电压不足以使荧光管放电，但能使启辉器放电，启辉器两触点闭合，电路被接通，电流流过镇流器、荧光管的两个灯丝以及启辉器。这时电路中的电流比荧光管正常工作电流约高两倍，很快加热灯丝，从而产生热电子发射。电路接通之后（经过零点几秒），启辉器中双金属片将变冷而恢复原状，使电路突然断开，在电路断开的瞬间，镇流器中产生600 V以上的自感电动势，它与电源电压叠加，加在荧光管两极上，较高电压使管中自由电子与气体碰撞产生电离，从而使荧光粉发出可见光。荧光管一旦放电，将在镇流器两端引起电压降落，灯管上的电压略低于电源电压的一半。由于启辉器和灯管并联，较低的电压不足以使启辉器放电，保证启辉器不会在荧光管正常工作时出现失误动作。荧光管启动后，可近似地看作等效电阻负载，它与镇流器串联，因此日光灯电路可以看成是 RL 串联的交流电路。由于镇流器具有较大的电感，故日光灯的功率因数仅为 0.5～0.6。

四、仪器设备

交流电压表、交流电流表、功率表、自耦调压器、镇流器（与 30 W 灯管配用）、电容器（1 μF、2.2 μF、4.3 μF/500 V）、启辉器（与 30 W 灯管配用）、日光灯灯管（30 W）、电流测试插座。

五、实验内容与步骤

1. 按电路图 2-9 接线（注意：镇流器两端不得短接）。经检查无误接通电源，将自耦调压器的输出相电压调至 220 V（用交流电压表测量），启动日光灯。如果灯管不亮，可用电压表进行检查，并排除故障。

2. 不接通电容器（$C=0$ μF），测量并记录电源电压 U、镇流器电压 U_{RL} 和日光灯管上电压 U_R、日光灯电路电流 I_{RL}、电路总功率 P，计算功率因数 $\cos\varphi$，将相应数据记入表 2-5 中。

表 2-5　　　　　　　　　　　　　实验三数据记录（1）

U(V)	U_{RL}(V)	U_R(V)	I_{RL}(A)	P(W)	$\cos\varphi$

3. 分别接通电容器 1 μF、2.2 μF、4.3 μF，测量电源电压 U、日光灯支路电流 I_{RL}、电容支路电流 I_C、电源电路总电流 I、电路总功率 P，计算功率因数 $\cos\varphi$，将以上数据记入表 2-6 中。

表 2-6　　　　　　　　　　　　　实验三数据记录（2）

电容器 （μF）	U(V)	I(A)	I_C(A)	I_{RL}(A)	P(W)	$\cos\varphi$
1						
2.2						
4.3						

六、注意事项

1. 本实验用交流电压为 220 V，务必注意用电和人身安全。
2. 功率表要正确接入电路。
3. 线路接线要正确，日光灯不能启动时，应检查启辉器及其接触是否良好。

七、实验报告要求

1. 计算功率因数值。
2. 讨论实验步骤 2 中为什么 $U\neq U_L+U_R$。

3. 讨论实验步骤 3 中为什么 $I \neq I_C + I_{RL}$。

4. 从实验步骤 3 中的数据来看,并联电容的数值多大对改善功率因数最好？并联电容是不是越大越好？为什么？

5. 若使电路功率因数为 1,应并联多大电容？这时电源电路的总电流多大？

实验四　三相交流电路

一、实验目的

1. 熟悉三相负载的星形和三角形接法。
2. 验证三相对称负载在星形和三角形连接时的特点。
3. 理解三相四线制供电系统中中线的作用。

二、预习要求

1. 复习三相交流电路有关内容。

2. 负载作星形连接和三角形连接,与同一电源相连接时,负载的相、线电量(电压、电流)有何不同？

3. 三相对称负载作星形连接,无中线的情况下断开一相,其他两相会发生什么变化？当负载为三角形连接时又如何？

三、实验原理

电源用三相四线制向负载供电,三相负载可接成星形(Y)或三角形(△)。

当三相对称负载作星形连接时,电路中线电压有效值是相电压的 $\sqrt{3}$ 倍,线电流等于相电流,即 $U_L = \sqrt{3}U_P$,$I_L = I_P$,流过中线的电流等于零；三相对称负载作三角形连接时,电路中线电压等于相电压,线电流有效值是相电流的 $\sqrt{3}$ 倍,即 $I_L = \sqrt{3}I_P$,$U_L = U_P$。

不对称三相负载作星形连接时,必须采用三相四线制接法,中线必须牢固连接,以保证三相不对称负载的每相电压等于电源的相电压(三相对称电压)。若中线断开,会导致三相负载电压的不对称,使负载不能正常工作。不对称负载作三角形连接时,只要电源的线电压对称,加在三相负载上的电压仍是对称的,对各相负载工作没有影响,但线电流有效值不再是相电流的 $\sqrt{3}$ 倍。

本实验中,用三相自耦调压器的输出作为三相交流电源,用三组白炽灯作为三相负载,线电流、相电流、中线电流用电流插头和插座测量。

实验电路如图 2-10、图 2-11 所示。

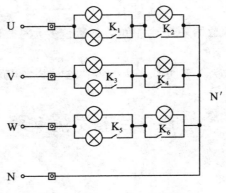

图 2-10　负载星形连接

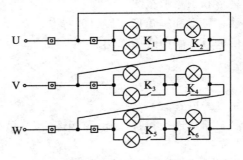

图 2-11　负载三角形连接

图中 ⬡ 为电流测试插座符号。本实验电路中电流的测量是通过将插头插入插座而将电流表接在电路中。

四、仪器设备

交流电压表、交流电流表、功率表、自耦调压器、三相灯组负载(25 W/220 V,白炽灯)、电流测试插座。

五、实验内容与步骤

1. 调节三相自耦调压器,使其输出的线电压为220 V(用交流电压表测量)。测试线电压和相电压,观察电压是否对称,线电压有效值是否为相电压的$\sqrt{3}$倍。

2. 按图 2-10 接线,负载作星形连接,负载对称(每相亮 3 盏灯)。分别就有中性线和无中性线两种接法,根据表 2-7 的要求将测量数据记入表中。

3. 负载不对称(U 相亮 3 盏灯,V 相亮 2 盏灯,W 相亮 2 盏灯),仍作星形连接。分别就有中性线和无中性线两种接法,根据表 2-7 的要求将测量数据记入表中。

4. 按图 2-11 接线,负载作三角形连接,负载对称(每相亮 3 盏灯),根据表 2-8 的要求将测量数据记入表中。

5. 负载不对称(U 相亮 3 盏灯,V 相亮 2 盏灯,W 相亮 2 盏灯),仍作三角形连接,根据表 2-8 的要求将测量数据记入表中。

表 2-7　　　　　　　　　　　　　实验四数据记录(1)

项目 负载情况		负载线电压			负载相电压			线电流			中线电流	计算比值
		U_{12} (V)	U_{23} (V)	U_{31} (V)	U_1 (V)	U_2 (V)	U_3 (V)	I_1 (A)	I_2 (A)	I_3 (A)	I_N (A)	线电压 相电压
负载 对称	有中性线											
	无中性线											
负载 不对称	有中性线											
	无中性线											

表 2-8　　　　　　　　　　　　　实验四数据记录(2)

项目 负载情况	负载线电压			负载线电流			负载相电流			计算比值
	U_{12} (V)	U_{23} (V)	U_{31} (V)	I_1 (A)	I_2 (A)	I_3 (A)	I_{12} (A)	I_{23} (A)	I_{31} (A)	线电流 相电流
负载对称										
负载不对称										

6. 根据表 2-7 中的测量值,计算线电压与相电压的比值,填入表中(线电压和相电压取三相电压的平均值)。

7. 根据表 2-8 中的测量值,计算线电流与相电流的比值,填入表中(线电流和相电流取三相电流的平均值)。

六、注意事项

1. 做实验时要注意人身安全,不可触及导电部件,防止发生意外事故。

2. 每次接线完毕,同组同学应自查一遍,然后由指导教师检查后,方可接通电源。必须严格遵守"先接线、后通电,先断电、后拔线"的实验操作原则。

七、实验报告要求

1. 通过实验说明,对称负载作星形连接是否要加中线,线电压有效值是否是相电压的$\sqrt{3}$倍。

2. 通过实验说明,不对称负载作星形连接是否要加中线。

3. 根据负载不对称星形连接实验测得的电流数据,绘制相量图,并验算 $\dot{I}_1+\dot{I}_2+\dot{I}_3=\dot{I}_N$。

4. 通过实验说明,对称负载作三角形连接时,线电流有效值是否是相电流的$\sqrt{3}$倍。

5. 根据负载不对称三角形连接实验测得的电流数据,绘制相量图,并验算 $\dot{I}_1 + \dot{I}_2 + \dot{I}_3 = \mathbf{0}$。

实验五　鼠笼式异步电动机正反转控制

一、实验目的

1. 了解鼠笼式异步电动机的结构,理解异步电动机铭牌数据的意义。
2. 掌握交流接触器、热继电器、按钮等电器的结构、规格和接线方式。
3. 学会利用接触器、热继电器、按钮等电器实现鼠笼式异步电动机的正反转。

二、预习要求

1. 复习常用低压电器的结构、功能和用途。
2. 复习电动机正反转控制线路的工作原理及动作过程。

三、实验原理

在生产过程中,往往要求生产机械的运动部件能进行正反方向的运动,这就要求拖动电动机能实现正反转。由电动机的转动原理可知,将接至电动机的三相电源进线中的任意两相对调,可改变电动机的转动方向。但为了避免误操作引起电源相间短路,必须在正反转的控制电路中加设必要的机械及电气互锁环节。若仅仅采用电气互锁,要实现电机由"正转—反转"或由"反转—正转"的控制,都必须按下停止按钮,再进行反方向启动。若要实现电动机正反转的直接转换,则需在带有电气互锁的正反转控制电路中加入相应的机械互锁环节。

图 2-12 是带有电气互锁的三相异步电动机正反转控制线路。

启动时,合上空气开关 QS,引入三相电源。按下正转启动按钮 SB_F,接触器 KM_F 的线圈通电,主触头 KM_F 闭合,电动机正转运行,同时辅助常开触点 KM_F 闭合实现自锁,而常闭辅助触点 KM_F 断开实现互锁。按下停车按钮 SB_1,电动机停止运行。同理,按下反转按钮 SB_R 时,接触器 KM_R 的线圈通电,其主触头 KM_R 闭合,电动机反转运行,同时辅助常开触点 KM_R 闭合实现自锁,其常闭触点 KM_R 断开实现互锁。按下停车按钮 SB_1,电动机停止运行。

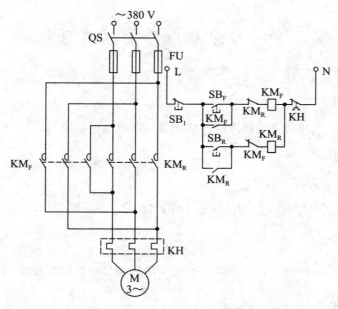

图 2-12 带有电气互锁的三相异步电动机正反转控制线路

四、仪器设备

三相自耦调压器、M14B 型三相鼠笼式异步电动机、EEL-57A 型继电接触控制实验箱、交流电压表。

五、实验内容与步骤

1. 检查各实验设备外观及质量是否良好。

2. 观察鼠笼式异步电动机的结构、铭牌。将三相鼠笼式异步电动机接成三角形接法。

3. 按图 2-12 接线,先接主回路,再接控制回路。检查无误合闸实验。

4. 将三相自耦调压器手柄(在实验台左侧)逆时针旋转到底,启动实验台电源,调节调压器使其输出的线电压为 380 V(用交流电压表测量)。

5. 按正向启动按钮 SB_F,观察电动机的转向和接触器的运行情况。

6. 按停止按钮 SB_1,观察电动机的转向和接触器的运行情况。

7. 再按反向启动按钮 SB_R,观察电动机的转向和接触器的运行情况。

8. 实验完毕,按下控制屏停止按钮,切断电源。

六、注意事项

1. 本实验采用线电压为 380 V 的电源供电,因此在实验过程中不可触碰导电部分。

2. 电动机转动时的转速很高,不可触碰电动机的转动部分。

实验六　双电机顺序启动自动控制

一、实验目的

进一步熟悉交流接触器控制线路的接线及时间继电器的应用。

二、预习要求

1. 掌握时间继电器的工作原理。
2. 掌握双电机顺序启动控制线路的工作原理。

三、实验原理

用通电延时的时间继电器构成的双电机顺序启动自动控制电路如图 2-13 所示,其工作过程如下:

按下 SB,接触器 KM_1 线圈通电,主触点 KM_1 闭合,电动机 M_1 启动运行,同时,辅助常开触点 KM_1 闭合,实现自锁,时间继电器 KT 线圈通电,延时开始。延时结束时,延时触点闭合,接触器 KM_2 线圈通电,主触点 KM_2 闭合,电动机 M_2 启动运行,完成了双电机顺序启动的自动控制。按下 SB_1,双电机停止转动。

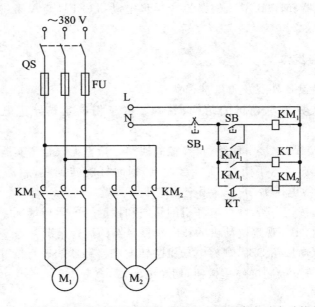

图 2-13　用通电延时的时间继电器构成的双电机顺序启动自动控制电路

四、仪器设备

三相自耦调压器、三相鼠笼式异步电动机、继电接触控制实验箱、交流电压表。

五、实验内容与步骤

1. 观察时间继电器的结构和接线方式。

2. 将三相鼠笼式异步电动机接成三角形接法。

3. 按图 2-13 接线。

4. 将三相自耦调压器手柄(在实验台左侧)逆时针旋转到底,启动实验台电源,调节调压器使其输出的线电压为 380 V(用交流电压表测量)。

5. 按下顺序启动按钮 SB,观察电动机的启动过程,并注意时间继电器的延迟时间。

6. 按下停止按钮可使电动机停止转动。

7. 实验完毕后,按控制屏上的停止按钮切断电源。

六、注意事项

1. 本实验采用线电压为380 V的电源供电,因此在实验过程中不可触碰导电部分。

2. 电动机转动时的转速很高,不可触碰电动机的转动部分。

第三章　电子技术实验

实验一　晶体管单级放大电路

一、实验目的

1. 利用基本电子仪器测试放大电路的静态工作点、电压放大倍数，观察波形。
2. 掌握基本放大电路参数对放大性能的影响。

二、预习要求

1. 阅读本实验所用仪器简介。
2. 复习教材中三极管及单管放大电路的工作原理。
3. 复习教材中放大电路动态及静态测量方法。

三、实验原理

图 3-1 为电阻分压式单管放大电路实验电路图。它的偏置电路采用 R_{B1} 和 R_{B2} 组成的分压电路，并在发射极中接有电阻 R_E，以稳定放大电路的静态工作点。当在放大电路的输入端加入输入信号 u_i 后，在放大电路的输出端便可得到一个与 u_i 相位相反，幅值被放大了的输出信号 u_o，从而实现了电压放大。

在图 3-1 所示电路中，当流过偏置电阻 R_{B1} 和 R_{B2} 的电流远大于晶体管 T 的基极电流 I_B 时（一般 5～10 倍），则它的静态工作点可用以下公式估算：

$$V_B \approx \frac{R_{B1}}{R_{B1}+(R_{B2}+R_p)}U_{CC}$$

$$I_E \approx \frac{V_B-U_{BE}}{R_{E1}+R_{E2}} \approx I_C$$

$$U_{CE}=U_{CC}-I_C(R_C+R_{E1}+R_{E2})$$

接入旁路电容 C_E 后电路的电压放大倍数为：

$$A_V=-\beta\frac{R_C//R_L}{r_{be}}$$

式中，三极管输入电阻常用下式估算：

$$r_{\mathrm{be}} = 200(\Omega) + (\beta+1)\frac{26(\mathrm{mV})}{I_{\mathrm{E}}(\mathrm{mA})}$$

放大电路的输入电阻为：

$$r_{\mathrm{i}} = R_{\mathrm{B1}} // R_{\mathrm{B2}} // r_{\mathrm{be}}$$

放大电路的输出电阻为：

$$r_{\mathrm{o}} \approx R_{\mathrm{C}}$$

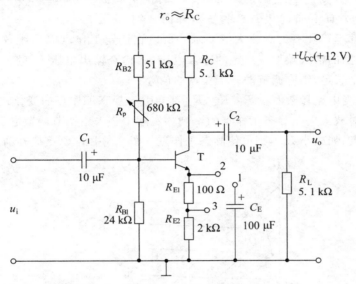

图 3-1　分压式单管放大电路实验电路图

由于电子器件性能的分散性比较大，因此在设计和制作晶体管放大电路时，离不开测量和调试技术。在设计前应测量所用元器件的参数，为电路设计提供必要的依据；在完成设计和装配以后，还必须测量和调试放大器的静态工作点和各项性能指标。一个优质放大电路，必定是理论设计与实验调整相结合的产物。因此，除了学习放大电路的理论知识和设计方法外，还必须掌握必要的测量和调试技术。

放大电路的测量和调试一般包括放大电路静态工作点的测量与调试及放大电路各项动态参数的测量与调试等。

1. 放大电路静态工作点的测量与调试

（1）静态工作点的测量。测量放大电路的静态工作点，应在输入信号 $u_{\mathrm{i}} = 0$ 的情况下进行，即将放大电路输入端与地端短接，然后选用量程合适的直流电流表和直流电压表，分别测量晶体管的集电极电流 I_{C} 以及各电极对地的电位 U_{B}、U_{C} 和 U_{E}。实验中，为了避免断开集电极，采用测量发射极对地电位 U_{E}，然后算出 I_{C} 的方法。即可用

$$I_{\mathrm{C}} \approx \frac{U_{\mathrm{E}}}{R_{\mathrm{E}}} = I_{\mathrm{E}}$$

算出 I_{C}。

为了减小误差，提高测量精度，应选用内阻较高的直流电压表。

（2）静态工作点的调试。放大电路静态工作点的调试是指对管子集电极电流 I_C（或 U_{CE}）的调整与测试。静态工作点是否合适，对放大电路的性能和输出波形都有很大影响。如工作点偏高，放大电路在加入交流信号以后易产生饱和失真，此时 u_o 的负半周将被削底，如图 3-2（a）所示；如工作点偏低，则易产生截止失真，即 u_o 的正半周被缩顶（一般截止失真不如饱和失真明显），如图 3-2（b）所示。

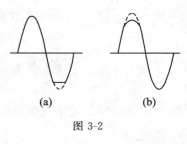

图 3-2

这些情况都不符合不失真放大的要求。所以在选定工作点以后还必须进行动态调试，即在放大电路的输入端加入一定的输入电压 u_i，检查输出电压 u_o 的大小和波形是否满足要求。如不满足，则应调节静态工作点的位置。

理论上，改变电路参数 U_{CC}、R_C、R_{B1}、R_{B2} 都会引起静态工作点的变化。图 3-3 展示了改变不同参数对放大电路静态工作点的影响。实际中多采用调节偏置电阻 R_{B2} 的方法来改变静态工作点，如减小 R_{B2}，则可使静态工作点从图 3-3 中的 Q 点提升到 Q_1 点等。

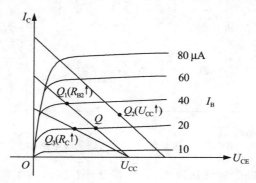

图 3-3　不同参数的改变对静态工作点的影响

上面所说的工作点"偏高"或"偏低"不是绝对的，应该是相对信号的幅度而言，如输入信号幅度很小，即使工作点较高或较低也不一定会出现失真。所以确切地说，产生波形失真是信号幅度与静态工作点设置配合不当所致。如需满足较大信号幅度的要求，静态工作点最好尽量靠近交流负载线的中点。

2. 放大电路动态指标的测试

放大电路的动态指标包括电压放大倍数、输入电阻、输出电阻、最大不失真输出电压（动态范围）和通频带等。此处只介绍电压放大倍数的测量。

调整放大器到合适的静态工作点，然后加入输入电压，在输出电压不失真的情况下，用交流毫伏表测出 u_i 和 u_o 的有效值 U_i 和 U_o，则：

$$A_V = \frac{U_o}{U_i}$$

四、仪器设备

模拟电路实验箱、数字存储示波器、数字交流毫伏表、信号发生器、万用表。

五、实验内容及步骤

1. 准备工作

（1）按图 3-1 连接电路，将 R_p 的阻值调到最大位置。

（2）接线完毕仔细检查，确定无误后接通电源。

2. 调整及测试静态工作点

短接输入端，调电位器 R_p，使集电极对地电位 $V_{CO}=9V$（用万用表直流电压挡测试），测出其他各极对地电位，将测量结果记入表 3-1 中。

表 3-1　　　　　　　　　　　　　　实验一数据记录（1）

$V_{CO}(V)$	$V_{BO}(V)$	$V_{EO}(V)$

3. 测量放大电路电压放大倍数（用交流毫伏表测量）

由信号发生器输入 1 kHz、5 mV 信号电压，在下列几路情况下，测量放大电路的输出电压，并将数据记入表 3-2 中。

（1）不加负反馈（将 1、2 端连接），不接负载电阻 R_L，且 $R_C=5.1$ kΩ。

（2）使 $R_C=2$ kΩ，其余条件不变。

（3）接负载电阻 $R_L=5.1$ kΩ，工作条件同（1）。

（4）加负反馈（将 1、3 端连接），其余条件同（1）。

表 3-2　　　　　　　　　　　　　　实验一数据记录（2）

测试条件			$U_o(mV)$	$A_V=\dfrac{U_o}{U_i}$
负反馈	R_C	R_L		
不加	5.1 kΩ	∞		
	2 kΩ	∞		
	5.1 kΩ	5.1 kΩ		
加	5.1 kΩ	∞		

4. 用示波器观察静态工作点及输入信号对输出波形失真的影响

（1）使 $R_C=5.1$ kΩ，$R_L=\infty$，不加负反馈。

（2）观察由于输入信号过大产生的饱和失真和截止失真情况，在表 3-3 中画出输出波形。

（3）观察工作点过高产生饱和失真的情况。

增大放大电路输入信号 u_i，使放大电路获得最大不失真的输出波形。然后调节 R_p 使偏置电阻 R_{B1} 减少，直到用示波器观察到输出波形产生失真为止。在表 3-3 中绘出此时 u_o 的波形。

（4）观察静态工作点过低产生截止失真的情况。

维持 u_i 不变，调节 R_p 使偏置电阻 R_{B1} 增大，直至用示波器观察到输出波形产生失真为止，在表 3-3 中绘出此时 u_o 的波形。

表 3-3   波形图绘制

条件	输出波形
R_p 适中，$u_i = 5$ mV	
R_p 适中，u_i 过大	
R_p 太小，工作点过高	
R_p 太大，工作点过低	

六、实验报告要求

1. 整理实验数据并画出观察到的波形。
2. 参考下面公式，验算步骤 3 测量结果：

$$A_V = -\beta \frac{R_C // R_L}{r_{be}}$$

$$r_{be} = 200(\Omega) + (\beta+1)\frac{26(\text{mV})}{I_E(\text{mA})}$$

实验二　单相整流电路

一、实验目的

1. 了解单相桥式整流电路的组成及其特点。
2. 观察电容滤波器的滤波效果。
3. 了解稳压电路的工作原理。

二、预习要求

1. 复习教材有关内容，掌握：
（1）单相桥式整流电路的工作原理；
（2）电容滤波器的工作原理；
（3）稳压电路的稳压原理。
2. 预习示波器的使用。

三、实验原理

整流电路利用二极管的单向导电性，将交流信号变换为单向脉动的直流信号。

1. 桥式整流电路

图 3-4 所示为单相桥式整流电路。图中四个整流二极管被接成桥式,输入信号 u_2 为正弦交流电压。在 u_2 的正半周,D_2、D_3 导通,D_1、D_4 截止;在 u_2 的负半周,D_1、D_4 导通,D_2、D_3 截止。但是无论在正半周还是负半周,流过负载电阻 R_L 的电流方向是一致的,从而在输出端得到一个单向脉动的整流电压信号 u_o,且整流电压的平均值 $U_o = 0.9U_2$。

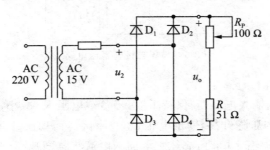

图 3-4　桥式整流电路

2. 电容滤波器

在上述整流电路的输出端并联一个容量足够大的电容器,就构成了带有电容滤波器的整流电路,如图 3-5 所示。

在 u_2 的正半周,且 $u_2 > u_C$ 时,二极管 D_2、D_3 导通,u_2 一方面给负载供电,同时对电容器 C 充电,当电容两端电压 u_C 上升到 $U_C = \sqrt{2}U_2$,u_2 和 u_C 均开始下降,其中 u_2 按正弦规律下降,当达到 $u_2 < u_C$ 时,二极管 D_2、D_3 反向截止,电容器 C 通过 R_L 开始放电。u_2 变化到负半周且其大小满足 $|u_2| > u_C$ 时,二极管 D_1、D_4 导通,与正半周情况类似,u_2 在给负载供电的同时对电容器 C 充电,至 $|u_2| < u_C$ 时,二极管 D_1、D_4 反向截止,电容器 C 再次经 R_L 放电。通过电容器 C 的充放电,达到了减少输出电压的脉动程度、平滑电压输出波形的目的。

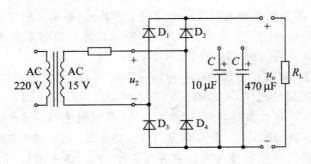

图 3-5　电容滤波电路

3. 稳压电路

(1)稳压二极管稳压电路。图 3-6 为稳压二极管稳压电路,输入电压 U_i 是经过整流滤波后得到的直流电压,R 作为限流电阻,它和稳压管组成的稳压电路与负载电阻 R_L 相连接,使输出电压基本不变。

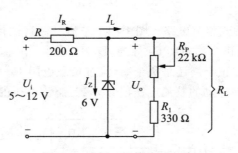

图 3-6　稳压二极管稳压电路

电路的稳压原理如下：

①假设稳压电路的输入电压 U_i 保持不变，当负载电阻 R_L 减小，负载电流 I_L 增大时，由于电流在电阻 R 上的压降升高，输出电压 U_o 将下降。而稳压管并联在输出端，由图可知，当稳压管两端电压略有下降时，流经它上面的电流将急剧减小，亦即由 I_Z 的减小来补偿流过负载的电流的增加，最终使 I_R 保持基本不变，使输出电压 U_o 随之上升，但此时稳压管的电流 I_Z 急剧增加，则电阻 R 上的压降增大，以此来抵消 U_o 的升高，从而使输出电压 U_o 保持不变。上述过程可简要表示为：

$$R_L \downarrow \rightarrow I_L \uparrow \rightarrow I_R \uparrow \rightarrow U_o \downarrow \rightarrow I_Z \downarrow \rightarrow I_R \downarrow$$
$$U_o \uparrow$$

②假设负载电阻保持不变，由于电网电压升高而使输入电压 U_i 升高时，输出电压 U_o 也将随之上升，但此时稳压管的电流急剧增加，则电阻 R 上的压降增大，以此来抵消 U_i 的升高，从而使输出电压 U_o 保持不变。上述过程可简要表示为：

$$U_i \uparrow \rightarrow U_o \downarrow \rightarrow I_Z \rightarrow I_R \rightarrow U_R \uparrow$$
$$U_o \downarrow$$

（2）集成稳压电路。由于集成稳压器具有体积小、外接线路简单、使用方便、工作可靠和通用性强等优点，因此在各种电子设备中应用十分普遍，基本上取代了由分立元件构成的稳压电路。集成稳压器的种类很多，应根据设备对直流电源的要求来进行选择。下面仅介绍常见的 78、79 系列两种三端集成稳压器。

78、79 系列三端式集成稳压器的输出电压是固定的，在使用中不能进行调整。78 系列三端稳压器输出正极性电压，一般有 5 V、6 V、9 V、12 V、15 V、18 V、24 V 七个档次，输出电流最大可达 1.5 A（加散热片）。同类型 78M 系列稳压器的输出电流为 0.5 A，78L 系列稳压器的输出电流为 0.1 A。若要求负极性输出电压，则可选用 79 系列稳压器。图 3-7 为 78 系列稳压器的外形和接线图。它有三个引出端：输入端（不稳定电压输入端），标以"1"；输出端（稳定电压输出端），标以"3"；公共端，标以"2"。

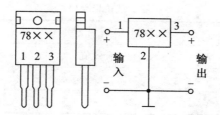

图 3-7　78 系列稳压器的外形和接线图

图 3-8 为 78 系列稳压器的实际应用电路。

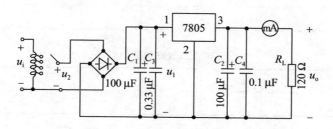

图 3-8　78 系列稳压器的实际应用电路

四、仪器设备

万用表、示波器、直流电流表、模拟电子电路实验箱。

五、实验步骤

1. 整流滤波电路

(1)按图 3-4 接线,用万用表的交流电压挡测量变压器二次电压 u_2 的有效值 U_2,用万用表的直流电压挡测量负载端直流电压 $u_。$ 的平均值 $U_。$,验证 $U_。=0.9U_2$。

(2)用示波器分别观察变压器副边及负载两端的波形,并绘于表 3-4 中。

(3)在负载两端并电容滤波器,如图 3-5 所示,观察 $u_。$ 的波形,测量电压 $u_。$,并记入表 3-4 中。

(4)改变负载电阻,观察 $u_。$ 的变化,测试外特性 $u_。=f(i_。)$,结果记入表 3-5 中。

2. 稳压电路

(1)稳压二极管稳压电路,按图 3-6 接线。改变负载电阻 R_L,观察 $u_。$ 的变化,测试外特性 $u_。=f(i_。)$,结果记入表 3-6 中。

(2)集成稳压电路,按图 3-8 接线。改变负载电阻 R_L,观察 $u_。$ 的变化,测试外特性 $u_。=f(i_。)$,结果记入表 3-6 中。与稳压管稳压的输出电压波形相比较有什么区别?

表 3-4　　　　　　　　　　　　　　实验二数据记录（1）

	变压器副边电压 u_2		负载两端电压 u_o	
	波形	有效值	波形	有效值
无滤波				
电容滤波				

表 3-5　　　　　　　　　　　　　　实验二数据记录（2）

$U_o(V)$						
$I_o(mA)$						

表 3-6　　　　　　　　　　　　　　实验二数据记录（3）

$U_o(V)$						
$I_o(mA)$						

六、实验报告要求

绘出观察到的波形，列表记录所测数据，并绘制外特性曲线。

实验三　　两级负反馈放大电路

一、实验目的

1. 学习多级放大电路电压放大倍数的测试方法。
2. 观察负反馈对电压放大倍数、频率特性和波形失真的影响。
3. 学习放大电路输入电阻和输出电阻的测试方法。

二、预习要求

1. 复习教材中两级阻容耦合放大电路的工作原理、电压放大倍数的计算方法。
2. 复习放大电路频率特性的概念及负反馈对放大电路工作性能的影响。

三、实验原理

1. 负反馈

通常在放大电路中，直流负反馈和交流负反馈同时存在。直流负反馈的作用是稳定静态工作点；交流负反馈在降低放大倍数的同时，可使放大电路的某些工作性能得到改善。放大电路中负反馈的类型很多，图 3-9 所示为带有级间电压串联负反馈的两级放大电路，电路中 C_f、R_f 构成反馈支路。

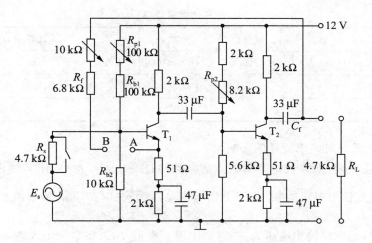

图 3-9　两级负反馈放大电路

2. 频率响应特性

引入负反馈后,放大电路的频率响应曲线的上限频率比无反馈时扩展了 $1+A_VF$ 倍,即 $f_{Hf}=(1+A_VF)f_H$。

而下限频率是无反馈时的 $(\dfrac{1}{1+A_VF})$ 倍,即 $f_{Lf}=\dfrac{f_L}{1+A_VF}$。

由此可见,负反馈使放大电路的频带变宽了。

四、仪器设备

模拟电路实验箱、示波器、信号发生器、数字交流毫伏表、直流稳压电源、万用表。

五、实验步骤

1. 调整及测试放大电路的静态工作点

按实验电路图 3-9 接好电路,检查接线无误后,开启直流稳压电源,短接输入端,调节 R_{p1},使 T_1 集电极电位 $V_{C1}=10$ V,调节电位器 R_{p2},使 T_2 集电极电位 $V_{C2}=8.2\sim9$ V(均用万用表直流电压挡测试)。

2. 观察负反馈对电压放大倍数的影响

(1)无电压负反馈(即 B 接地)时,短接 R_s,由信号发生器输入 $U_i=5$ mV,$f=1$ kHz 的信号电压,用示波器观察第一、二级输出电压,看有无失真,在不失真的情况下,即可用交流毫伏表测第一、二级输出电压 U_{o1}、U_{o2},记入表 3-7 中。

(2)有电压负反馈(即 B 接 A)时,信号不变,测 U_{o1}、U_{o2},并将数据记入表 3-7 中。

表 3-7　　　　　　　　　　　　　实验三数据记录(1)

电路工作情况	测量值			计算值		
	U_i(mV)	U_{o1}(mV)	U_{o2}(mV)	A_{V1}	A_{V2}	A
无电压负反馈						
有电压负反馈						

3. 观察负反馈对频率特性的影响

(1)不加负反馈(即 B 接地)时,输入信号保持 $U_i = 5$ mV,$f = 1$ kHz,测出 U_{o2},并计算出 $\dfrac{U_{o2}}{\sqrt{2}}$;降低输入信号电压的频率,记下使输出电压为 $\dfrac{U_{o2}}{\sqrt{2}}$ 时的下限频率值 f_L。再增大输入信号的频率,记下使输出电压为 $\dfrac{U_{o2}}{\sqrt{2}}$ 时的上限频率值 f_H。将数据记入表 3-8 中。

(2)加负反馈(即 B 接 A)时,测出 $U_i = 5$ mV,$f = 1$ kHz 时的 U_{o2},并计算此时的 $\dfrac{U_{o2}}{\sqrt{2}}$,然后重复上述步骤,分别测出下限频率 f_{Lf} 及上限频率 f_{Hf},结果记入表 3-8 中。

表 3-8　　　　　　　　　　　　　实验三数据记录(2)

	下限频率	上限频率
无负反馈		
有负反馈		

* 4. 观察负反馈对改善波形失真的作用

放大电路外接负载 $R_L = 4.7$ kΩ,输入信号频率为 1 kHz。

(1)在放大电路不加负反馈的情况下,逐渐加大放大电路的输入信号,直至观察到输入信号波形产生了较为明显的失真,绘出该失真波形。

(2)保持其他条件不变,给放大电路加入负反馈,观察输出电压波形有何变化,同时把波形描绘下来。

* 5. 观察电压串联负反馈对输入电阻的影响

(1)无电压负反馈(即 B 接地)时,接入 $R_s = 4.7$ kΩ,加大输入信号电压,使输出电压 U_{o2} 与不接 R_s($U_i = 5$ mV)时的 U_{o2} 相同,测出这时的输入电压 E_s,由下式计算输入电阻 r_i:

$$r_i = \frac{U_i}{E_s - U_i} R_s$$

式中,U_i 为不加 R_s 时的输入电压,$U_i = 5$ mV;E_s 为加 R_s 时的输入电压,$R_s = 4.7$ kΩ。

(2)加电压负反馈(即 B 接 A)时,重复上述步骤,测 E_s,计算输入电阻 r_{if}。

六、实验报告要求

1. 整理实验数据,画出观察到的波形。

2. 根据所测数据计算放大电路的电压放大倍数。

3. 根据实验数据及观察到的波形,说明电压串联负反馈对放大电路的放大倍数、通频带、输出波形失真的影响。

实验四　集成运算放大器

一、实验目的

1. 了解线性组件的使用方法。

2. 进一步理解运算放大器进行比例、加法、减法、积分等基本运算的功能。

二、预习要求

1. 复习运算放大器的基本工作原理及基本运算电路。

2. 掌握比例运算、加法运算、减法运算和积分运算电路的输入、输出关系。

三、实验原理

1. 比例运算电路

比例运算电路包括反相比例、同相比例运算电路,是各种运算电路的基础。

图 3-10 所示为反相比例运算电路。根据运算放大器工作在线性区的两条分析依据

$$u_+ \approx u_- , i_+ = i_- \approx 0$$

得其输出电压与输入电压的关系为:

$$u_o = -\frac{R_F}{R_1}u_i$$

闭环电压放大倍数则为:

$$A_f = \frac{U_o}{U_i} = -\frac{R_F}{R_1}$$

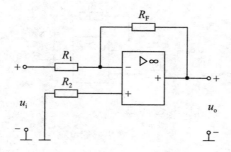

图 3-10　反相比例运算电路

2. 加法运算电路

在比例运算电路的输入端加入若干输入电路,则构成加法运算电路,其输出量为多个

输入量相加。进行加法运算时，可以采用反相输入方式，也可以采用同相输入方式。反相加法运算电路如图 3-11 所示。其输出电压与输入电压的关系为：

$$u_o = -\left(\frac{R_F}{R_{11}}u_{i1} + \frac{R_F}{R_{12}}u_{i2}\right)$$

若 $R_{11} = R_{12} = R_1$，则：

$$u_o = -\frac{R_F}{R_1}(u_{i1} + u_{i2})$$

若 $R_F = R_1$，则：

$$u_o = -(u_{i1} + u_{i2})$$

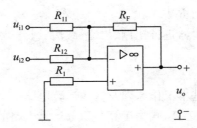

图 3-11　反相加法运算电路

3. 减法运算电路

在运算放大器的两个输入端都加入信号输入，则构成减法运算电路。减法运算电路如图 3-12 所示。其输出电压与输入电压的关系为：

$$u_o = \left(1 + \frac{R_F}{R_1}\right)\frac{R_3}{R_2 + R_3}u_{i2} - \frac{R_F}{R_1}u_{i1}$$

若 $R_1 = R_2$，$R_F = R_3$，则：

$$u_o = \frac{R_F}{R_1}(u_{i2} - u_{i1})$$

若 $R_F = R_1$，则：

$$u_o = u_{i2} - u_{i1}$$

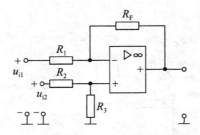

图 3-12　减法运算电路

4. 积分运算电路

图 3-13 所示为积分运算电路，它和反相比例运算电路的不同之处是用 C_F 代替反馈电阻 R_F。由"虚地"的概念可知：

$$i_F = \frac{u_i}{R}$$

$$u_o = -u_C = -\frac{1}{C_F}\int i_F \mathrm{d}t = -\frac{1}{RC}\int u_i \mathrm{d}t$$

即输出电压与输入电压成积分关系。

积分运算电路是模拟计算机中的基本单元,利用它可以实现对微分方程的模拟,同时它也是控制和测量系统中的重要单元。利用它的充、放电过程,可以实现延时、定时以及产生各种波形。

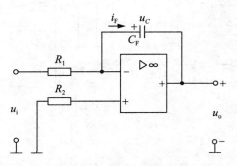

图 3-13　积分运算电路

四、仪器设备

数字电路实验箱、万用表、双踪示波器。

五、实验内容

1. 反向比例运算

实验电路如图 3-14 所示。将输入端接 R_{p1} 电位器的滑动端,调节 R_{p1} 使 $U_i \approx \pm 0.2\ \mathrm{V}, \pm 0.6\mathrm{V}$,分别测量对应的输出电压 U_o。验算公式为:

$$u_o = -\frac{R_F}{R_1}u_i$$

将测量数据记入表 3-9 中。

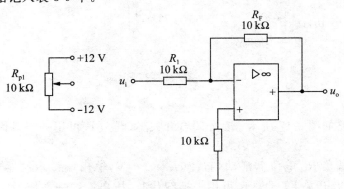

图 3-14　反相比例运算实验电路

2. 加法运算

实验电路如图 3-15 所示。将两个输入端分别接 R_{p1}、R_{p2} 电位器的滑动端,调节 R_{p1} 使 $U_{i1} = +1$ V,再调节 R_{p2} 使 $U_{i2} = \pm0.6$ V,分别测量对应的输出电压 U_o。验算公式为:

$$u_o = -\left(\frac{R_F}{R_{11}}u_{i1} + \frac{R_F}{R_{12}}u_{i2}\right)$$

将测量数据记入表 3-9 中。

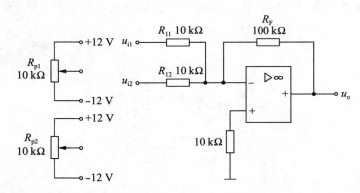

图 3-15　加法运算实验电路

3. 减法运算

实验电路如图 3-16 所示。将两个输入端分别接 R_{p1}、R_{p2} 电位器的滑动端,调节 R_{p1} 使 $U_{i1} = +1$ V,调节 R_{p2} 使 $U_{i2} = \pm0.6$ V,分别测量对应的输出电压 U_o。验算公式为:

$$u_o = 10(u_{i2} - u_{i1})$$

将测量数据记入表 3-9 中。

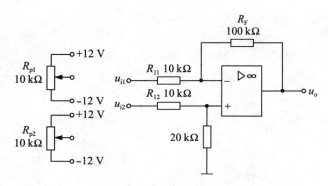

图 3-16　减法运算实验电路

4. 积分运算

(1)实验电路如图 3-17 所示。首先闭合开关 K(开关 K 可用一连线代替),使电容器 C 放电。

(2)将输入端接 R_{p1} 电位器滑动端,使 $U_i = -1$ V,输出端接示波器的 CH(CH$_1$ 或 CH$_2$)输入端,断开开关 K(开关 K 可用一连线代替,拔出连线一端作为断开),观察积分过程的波形。

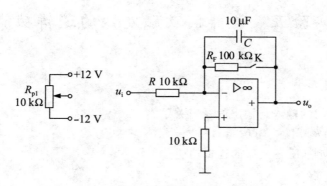

图 3-17　积分运算实验电路

调节 $U_i = -0.5$ V，重复上述步骤。

将测量数据记入表 3-9 中。

注意：在每做完一次积分实验后，应将开关闭合，使电容器上的电荷放干净后，再进行下一次积分实验。

表 3-9　　　　　　　　　　　　　　　实验四数据记录

项目	U_i(V)		测量值	公式	计算值
	U_{i1}	U_{i2}	U_o(V)		U_o(V)
比例运算	+0.2				
	+0.6				
	−0.2				
	−0.6				
加法运算	+1	+0.6			
		−0.6			
减法运算	+1	+0.6			
		−0.6			
积分运算	−1	画出波形			
	−0.5				

六、实验报告要求

记录测量数据，验算结果，分析误差原因。

实验五　与非门及触发器的逻辑功能

一、实验目的

1. 验证与非门的输入与输出的逻辑关系。
2. 验证 D 触发器的逻辑功能。
3. 验证主从型 JK 触发器的逻辑功能。

二、预习要求

1. 复习 TTL 与非门、D 触发器及主从型 JK 触发器的逻辑功能,写出真值表。
2. 查阅集成块 74LS20、74LS74、74LS112 的外引线排列图和功能表。

三、实验原理

1. 门电路

门电路是开关电路的一种,它可以具有一个或多个输入端。门电路的输入信号与输出信号之间存在一定的逻辑关系,所以门电路又称为逻辑门电路。基本门电路有与门、或门、非门三种,也可将其组合而构成其他门电路,如与非门、或非门等。

图 3-18 所示为与非门电路,其逻辑功能是:在输入信号全为高电平时,输出才为低电平。输出与输入的逻辑关系为:$Y = \overline{ABCD}$。

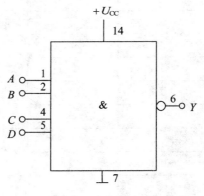

图 3-18　与非门电路

2. D 触发器

D 触发器的逻辑符号如图 3-19 所示。图中 $\overline{S_D}$、$\overline{R_D}$ 端为异步置 1 端、置 0 端,CP 为时钟脉冲输入端。CP 脉冲上升沿触发。D 触发器的真值表如表 3-10 所示。其特征方程为:$Q_{n+1} = D_n$。

表 3-10	D 触发器的真值表
D_n	Q_{n+1}
0	0
1	1

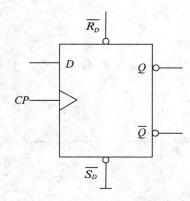

图 3-19　D 触发器的逻辑符号

3. JK 触发器

JK 触发器的逻辑符号如图 3-20 所示。图中 $\overline{S_D}$、$\overline{R_D}$ 端为异步置 1 端、置 0 端，CP 为时钟脉冲输入端。CP 脉冲下降沿触发。

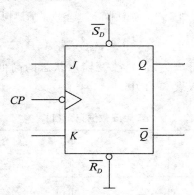

图 3-20　JK 触发器的逻辑符号

JK 触发器的逻辑功能是：

(1)当 $J=0$、$K=0$ 时，触发器维持原状态，$Q_{n+1}=D_n$。

(2)当 $J=0$、$K=1$ 时，不管触发器的原状态如何，CP 作用(下降沿)后，触发器总是处于"0"状态，$Q_{n+1}=0$。

(3)当 $J=1$、$K=0$ 时，不管触发器的原状态如何，CP 作用后，触发器总是处于"1"状态，$Q_{n+1}=1$。

(4)当 $J=1$、$K=1$ 时，不管触发器的原状态如何，CP 作用后，触发器的状态都要翻转，$Q_{n+1} = \overline{Q_n}$。

四、仪器设备

数字电路实验箱、万用表、双踪示波器、四输入端双与非门 74LS20、双 D 触发器 74LS74、双 JK 触发器 74LS112。

五、实验内容及步骤

1. 测试门电路的逻辑功能

选用四输入端双与非门 74LS20，其管脚图如图 3-21 所示。验证与非门的逻辑关系式：$Y = \overline{ABCD}$。

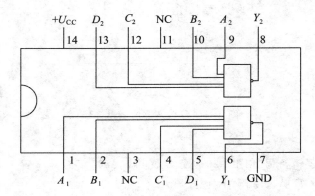

图 3-21　双与非门 74LS20 的管脚图

按图 3-18 接线，图中 U_{CC} 为＋5 V电源，输入端 A、B、C、D 分别接逻辑开关，输出端 Y 接发光二极管（灯亮为"1"，灯灭为"0"），改变输入状态的高低电平（低电平记为"0"，高电平记为"1"），将输出状态记入表 3-11 中。

表 3-11　　　　　　　　　　　　实验五数据记录（1）

A	B	C	D	Y
0	0	0	0	
0	0	0	1	
0	0	1	1	
0	1	1	1	
1	1	1	1	

2. 测试 D 触发器的逻辑功能

双 D 触发器 74LS74 的管脚图如图 3-22 所示。图中，CLR 为置"0"端，PR 为置"1"端。验证 D 触发器的逻辑关系式：$Q_{n+1} = D_n$。

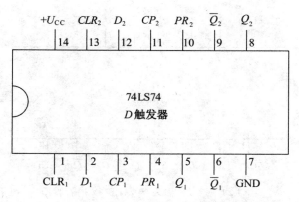

图 3-22 双 D 触发器 74LS74 的管脚图

(1)按图 3-23 接线, D 接逻辑电平, Q 接发光二极管, CP 接单脉冲信号,按表 3-12 进行测量,并记录 Q 的逻辑值。

(2)把 D 与 $\overline{Q}$ 两端连起来,单脉冲接到 CP 处,观察 Q 端的变化规律,即 CP 处每加一个脉冲, Q 端状态变化一次。

表 3-12 实验五数据记录(2)

	D 接 0 V			D 接 5 V 或悬空		
	未加脉冲	加第一个脉冲	加第二个脉冲	未加脉冲	加第一个脉冲	加第二个脉冲
Q 端输出	0			0		
(记逻辑值)	1			1		

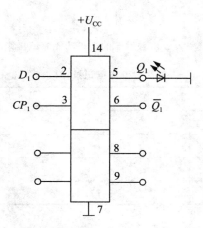

图 3-23 D 触发器的逻辑功能测试接线图

3. 测试 JK 触发器的逻辑功能

双 JK 触发器 74LS112 的管脚图如图 3-24 所示。

图 3-24　双 JK 触发器 74LS112 的管脚图

（1）按图 3-25 接线，J、K 分别接逻辑电平，Q 接发光二极管，CP 接单脉冲信号，按表 3-13 进行测量，并记录 Q 的逻辑值。

（2）将 J、K 接高电平，把连续脉冲信号接到 CP 处，用双踪示波器观察 CP 和 Q 端的波形，分析波形并做记录。

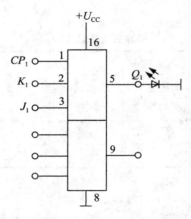

图 3-25　JK 触发器的逻辑功能测试接线图

表 3-13　　　　　　　　　　实验五数据记录（3）

K	J	Q
0	0	
0	1	
1	0	
1	1	

六、实验报告要求

1. 整理实验数据，总结与非门、D 触发器及主从型 JK 触发器的逻辑功能。

2. 画出 JK 触发器在计数状态下，当 CP 端输入连续脉冲时输出端（Q、$\overline{Q}$端）的波形。

实验六 组合逻辑电路

一、实验目的

1. 验证半加器、全加器的逻辑功能。
2. 学习集成优先编码器的使用方法。

二、预习要求

1. 复习组合逻辑电路的特点和分析方法。
2. 熟悉半加器、全加器及优先编码器的逻辑功能。

三、实验原理

1. 加法器

二进制加法器包括半加器和全加器。所谓"半加",就是只求两个一位二进制数的和,不考虑来自低位的进位。当多位二进制数相加时,半加器可用于最低位求和。全加器在实现两个一位二进制数相加的同时,还要考虑来自低位的进位。

半加器和全加器的逻辑符号如图 3-26 所示。表 3-14 和表 3-15 分别是半加器和全加器的逻辑状态表。

表 3-14   半加器的逻辑状态表

A	B	S	C
0	0	0	0
0	1	1	0
1	0	1	0
1	1	0	1

表 3-15   全加器的逻辑状态表

A_i	B_i	C_{i-1}	S_i	C_i
0	0	0	0	0
0	0	1	1	0
0	1	0	1	0
0	1	1	0	1
1	0	0	1	0
1	0	1	0	1

续表

A_i	B_i	C_{i-1}	S_i	C_i
1	1	0	0	1
1	1	1	1	1

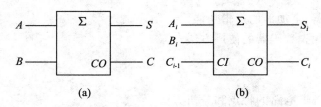

图 3-26　半加器和全加器的逻辑符号

图 3-27 所示电路是由与非门组成的半加器,可以实现两个一位二进制(A 和 B)相加,而没有低位来的进位信号。

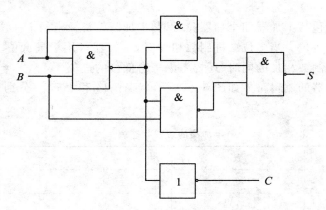

图 3-27　由与非门和非门组成的半加器

在一位全加器的基础上,通过多级级联,可以构成多位全加器,进位方式分串行进位和并行进位两种,并行进位方式比串行进位方式运算速度快。全加器的电路结构形式有多种,实验选用的是四位快速进位二进制全加器 74LS283。图 3-28 是它的逻辑符号。

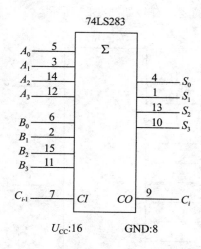

图 3-28　74LS283 型全加器的逻辑符号

2. 优先编码器

优先编码器是当多个输入端同时有信号时,电路只对其中优先级别最高的输入信号进行编码。实验选用 74LS147 型 10 线—4 线优先编码器,这是一种常用优先编码器。表 3-16 是其功能表,由表可知,74LS147 型优先编码器有九个输入变量 $\overline{I_1} \sim \overline{I_9}$,四个输出变量 $\overline{Y_0} \sim \overline{Y_3}$,它们都是反变量。输入的反变量对低电平有效,即有信号时,输入为 0;输出的反变量组成反码,对应于 0~9 十个十进制数码。

表 3-16　　　　　　　　　　　74LS147 型优先编码器的功能表

输入									输出			
$\overline{I_9}$	$\overline{I_8}$	$\overline{I_7}$	$\overline{I_6}$	$\overline{I_5}$	$\overline{I_4}$	$\overline{I_3}$	$\overline{I_2}$	$\overline{I_1}$	$\overline{Y_3}$	$\overline{Y_2}$	$\overline{Y_1}$	$\overline{Y_0}$
1	1	1	1	1	1	1	1	1	1	1	1	1
0	×	×	×	×	×	×	×	×	0	1	1	0
1	0	×	×	×	×	×	×	×	0	1	1	1
1	1	0	×	×	×	×	×	×	1	0	0	0
1	1	1	0	×	×	×	×	×	1	0	0	1
1	1	1	1	0	×	×	×	×	1	0	1	0
1	1	1	1	1	0	×	×	×	1	0	1	1
1	1	1	1	1	1	0	×	×	1	1	0	0
1	1	1	1	1	1	1	0	×	1	1	0	1
1	1	1	1	1	1	1	1	0	1	1	1	0

74LS147 型优先编码器的逻辑符号如图 3-29 所示。

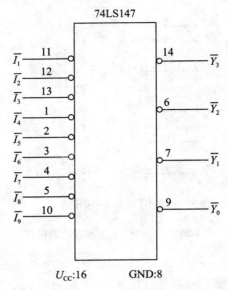

图 3-29　74LS147 型优先编码器的逻辑符号

四、仪器设备

数字电路实验箱、万用表、四输入端双与非门 74LS20、双输入端四与非门 74LS00、四位二进制全加器 74LS283、优先编码器 74LS147。

五、实验内容及步骤

1. 测试半加器的逻辑功能

将四输入端双与非门 74LS20 和双输入端四与非门 74LS00，按照图 3-21 和图 3-30 所示管脚功能图及图 3-20 所示连接电路，经检查无误后将输入端 A、B 接实验箱的逻辑开关，输出端接发光二极管，灯亮为"1"，灯灭为"0"，结果记入表 3-17 中。

表 3-17　　　　　　　　　　实验六数据记录（1）

输入		输出	
A	B	C	S
0	0		
0	1		
1	0		
1	1		

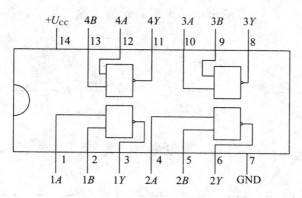

图 3-30　四与非门 74LS00 的管脚图

2. 测试全加器的逻辑功能

四位二进制全加器 74LS283 的管脚外引线排列如图 3-31 所示，A_4、A_3、A_2、A_1 和 B_4、B_3、B_2、B_1 分别为加数和被加数输入端。C_0 是低位的进位端，实验中将其接地，S_4、S_3、S_2、S_1 是所得和，C_4 是进位输出端。

图 3-31　四位二进制全加器 74LS283 的管脚图

将加数 A_4、A_3、A_2、A_1 和被加数 B_4、B_3、B_2、B_1 分别接逻辑开关，输出端 S_4、S_3、S_2、S_1 分别接电平显示端，测试结果记入表 3-18 中。

表 3-18　　　　　　　　　　　　实验六数据记录(2)

$A_4\ A_3\ A_2\ A_1$	$B_4\ B_3\ B_2\ B_1$	$S_4\ S_3\ S_2\ S_1$	换算成十进制数
0　0　0　1	0　0　1　0		
0　1　0　0	0　0　1　1		
1　0　0　0	0　1　1　1		

3. 测试优先编码器的逻辑功能

图 3-32 是优先编码器 74LS147 的外引线排列图，对照芯片仔细核对各引脚功能。优先编码器 74LS147 的逻辑功能测试电路如图 3-33 所示，按照图 3-33 完成电路的接线，图

中输入端接逻辑电平 $S_1 \sim S_7$，输出端接电平显示器发光二极管。根据测试结果验证表 3-16中的逻辑功能。

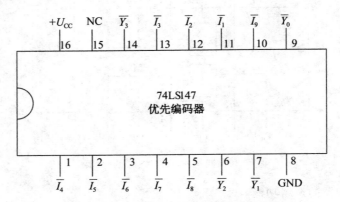

图 3-32　优先编码器 74LS147 的外引线排列图

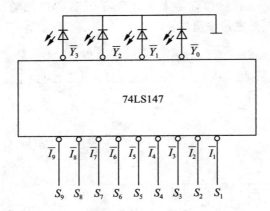

图 3-33　优先编码器 74LS147 的逻辑功能测试电路

六、实验报告要求

整理实验数据，填入表中，并分析说明组合逻辑电路的特点和设计方法。

实验七　计数器的功能测试及应用

一、实验目的

1. 熟悉计数器的一般分析设计方法，学会用触发器组成计数器的方法。
2. 熟悉中规模集成计数器的功能特点，掌握用中规模集成计数器组成 N 进制计数器的方法。

二、预习要求

1. 了解所用芯片的外引线排列及功能。
2. 看懂该实验项目中构成计数器的接线图,掌握其原理。

三、实验原理

1. 四位异步二进制加法计数器

一个触发器可以表示一位二进制数,要表示 n 位二进制数,就得用 n 个触发器。要实现四位二进制加法计数,必须用 4 个双稳态触发器。图 3-34 是用 4 个主从型 JK 触发器组成的四位异步二进制加法计数器的电路图。图中,每个触发器的 J、K 端悬空,相当于置 1,具有计数功能。触发器的进位脉冲从 Q 端输出送到相邻高位触发器的 CP 端。每来一个计数脉冲,最低位触发器翻转一次;而高位触发器是在相邻的低位触发器从 1 变为 0 进位时翻转。由此组成了四位异步二进制加法计数器。

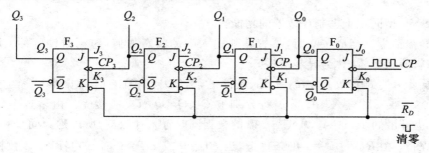

图 3-34 四位二进制加法计数器电路图

2. 74LS160 型同步十进制计数器

实验所选用的 74LS160 型同步十进制加法计数器,是一种常用的十进制加法计数器,它的引脚排列图和逻辑符号如图 3-35 所示,功能表如表 3-19 所示。

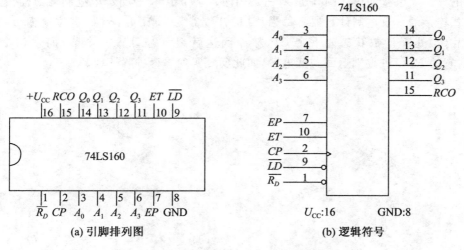

(a) 引脚排列图   (b) 逻辑符号

图 3-35 74LS160 型同步十进制加法计数器

图中，$\overline{R_D}$ 是异步清零端；CP 是时钟脉冲输入端（上升沿有效）；A_3、A_2、A_1、A_0 是数据输入端；EP、ET 是计数控制端；$\overline{LD}$ 是同步并行置入控制端；Q_3、Q_2、Q_1、Q_0 是数据输出端；RCO 是进位输出端。

表 3-19　　　　　　　　　　74LS160 型同步十进制加法计数器的功能表

输入									输出			
$\overline{R_D}$	CP	$\overline{LD}$	EP	ET	A_3	A_2	A_1	A_0	Q_3	Q_2	Q_1	Q_0
0	×	×	×	×	×	×	×	×	0	0	0	0
1	↑	0	×	×	d_3	d_2	d_1	d_0	d_3	d_2	d_1	d_0
1	↑	1	1	1	×	×	×	×	计数			
1	×	1	0	×	×	×	×	×	保持			
1	×	1	×	0	×	×	×	×	保持			

74LS160 型同步十进制计数器的功能：

(1)异步清零。当 $\overline{R_D}=0$ 时，不管其他输入端的状态如何（包括时钟脉冲 CP），计数器输出将被直接置零，称为异步清零。

(2)同步并行预置数。在 $\overline{R_D}=1$ 的条件下，当 $\overline{LD}=0$，且有时钟脉冲 CP 的上升沿作用时，A_3、A_2、A_1、A_0 输入端的数据将分别被 Q_3、Q_2、Q_1、Q_0 所接受。由于这个置数操作要与 CP 上升沿同步，且 A_3、A_2、A_1、A_0 的数据同时入计数器，所以称为同步并行置数。

(3)保持。在 $\overline{R_D}=\overline{LD}=1$ 的条件下，当 $EP=0$ 或 $ET=0$ 时，即当两个计数控制端有一个为 0 时，不管有无 CP 脉冲作用，计数器都将保持原有状态不变（停止计数）。

(4)计数。当 $\overline{R_D}=\overline{LD}=EP=ET=1$ 时，计数器处于计数状态。

3. 用两片 74LS160 型同步十进制计数器连成一百进制计数器

目前常用的计数器主要是二进制和十进制，当需要任意一种进制的计数器时，只能将现有的计数器改接而得。图 3-36 所示是用两片 74LS160 型同步十进制计数器按并行进位方式连接的一百进制计数器。每当片(1)计数器为 1001 时，RCO 进位端输出高电平，而使片(2)处于计数状态。下个 CP 脉冲到达后，片(2)计入一个数，而片(1)计数为 0000，它的 RCO 进位端返回到低电平，如此反复实现一百进制计数。

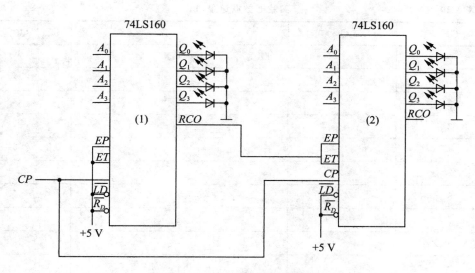

图 3-36　一百进制计数器的连接图

四、仪器设备

数字电路实验箱、示波器、函数发生器、万用表、双 JK 触发器 74LS112 2 片、十进制计数器 74LS160 2 片。

五、实验步骤

1. 二进制加法计数器的功能测试

参考图 3-37 所示 74LS112 管脚图,按图 3-34 接好电路并清零。

(1)在 CP 端加单个脉冲,观察各输出端的状态(将输出端接发光二极管),记入表 3-20中。

图 3-37　双 JK 触发器 74LS112 的管脚图

表 3-20　　　　　　　　　　　　　　实验七数据记录(1)

CP	Q_3	Q_2	Q_1	Q_0
0				
1				
2				
3				
4				
5				
6				
7				
8				
9				
10				
11				
12				
13				
14				
15				
16				

(2)在 CP 端加一个 1 kHz 的脉冲,用示波器分别比较 CP 脉冲和每一个输出端的波形关系,并画出各个输出端的波形。

2. 一位十进制计数器的功能测试

测试一位十进制计数器的功能,按图 3-38 所示接好电路并清零。

(1)当 $\overline{R_D}=1$,$EP=ET=1$ 时,在 CP 端加入单个脉冲,分别测量各输出端的电平,将输出端接发光二极管,结果记入表 3-21 中。

表 3-21　　　　　　　　　　　　　　实验七数据记录(2)

CP	Q_3	Q_2	Q_1	Q_0
0				
1				
2				
3				
4				

续表

CP	Q_3	Q_2	Q_1	Q_0
5				
6				
7				
8				
9				

（2）当 $\overline{R_D}=0$ 时，在 CP 端加入连续 1 kHz 脉冲，分别画出 $EP=0$ 和 $EP=ET=1$ 时的 Q_3、Q_2、Q_1、Q_0 各端输出波形。

（3）当 $\overline{R_D}=1$ 时，在 CP 端加入连续1 kHz脉冲，分别画出 $EP=ET=1$ 和 $EP=0$ 或 $ET=0$ 时的 Q_3、Q_2、Q_1、Q_0 各端输出波形。

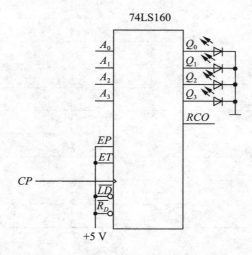

图 3-38　74LS160 型同步十进制计数器的计数功能测试电路

3. 二位十进制计数器的功能测试

按图 3-36 接好电路，首先把计数电路清零。

（1）当 $\overline{R_D}=1$，$EP=ET=1$ 时，加入 20 个单个 CP 脉冲，测量各输出端的电平，并记入表 3-22 中。

（2）当 $\overline{R_D}=1$，$EP=0$ 或 $ET=0$ 时，加入 20 个单个 CP 脉冲，测量各输出端的电平，并画出波形图。

表 3-22　　　　　　　　　　　　　**实验七数据记录（3）**

CP	Q_3	Q_2	Q_1	Q_0
0				
1				

续表

CP	Q_3	Q_2	Q_1	Q_0
2				
3				
4				
5				
6				
7				
8				
9				
10				
11				
12				
13				
14				
15				
16				
17				
18				
19				
20				

六、实验报告要求

整理实验数据,分析说明计数器电路的特点和任意进制计数器的设计方法。

第四章　基于 Multisim 11.0 的电路及电子技术仿真实验

第一节　Multisim 11.0 仿真软件简介

Multisim 11.0 是美国国家仪器(NI)有限公司推出的一款优秀的仿真工具,适用于模拟/数字电路板的设计工作。它包含了电路原理图的图形输入、电路硬件描述语言的输入方式,具有丰富的仿真测试和分析能力。Multisim 11.0 元件库中带有丰富的仿真元件数量,使仿真设计更精确、可靠。Multisim 意为"万能仿真"。

Multisim 11.0 有如下特点:

(1)Multisim 11.0 采用直观的图形界面创建电路,在计算机屏幕上模仿真实实验室的工作平台,创建电路需要的元器件,电路仿真需要的测试仪器均可直接从屏幕上选取,操作方便。

(2)Multisim 11.0 提供的虚拟仪器的控制面板外形和操作方式都与实物相似,可实时显示测量结果。

(3)Multisim 11.0 带有丰富的测量元件,提供 13000 个元件,元件被分为不同的系列,可以非常方便地选取。此外,它还提供 20 种常用器件的逼真 3D 视图,给设计者以生动的器件,让设计者体会真实设计的效果。

(4)Multisim 11.0 具有强大的电路分析功能,提供了直流分析、交流分析、瞬时分析、傅里叶分析、传输函数分析等 19 种分析功能。作为设计工具,它可以同其他流行的电路分析、设计和制版软件交换数据。

(5)Multisim 11.0 还是一个优秀的电子技术训练工具,利用它提供的虚拟仪器可以比实验室中更灵活的方式进行电路实验、仿真电路的实际运行情况、熟悉常用电子仪器的测量方法。

(6)Multisim 11.0 有多种输入/输出接口,与 SPICE 软件兼容,可相互转换。它产生的电路文件还可以直接输出至常见的 Protel、Tango、Orcad 等印制电路板排版软件。

本章仅对 NI Multisim 11.0 教育版进行介绍。

一、Multisim 11.0 的安装

1. 如图 4-1 所示，双击压缩包中的 setup. exe。

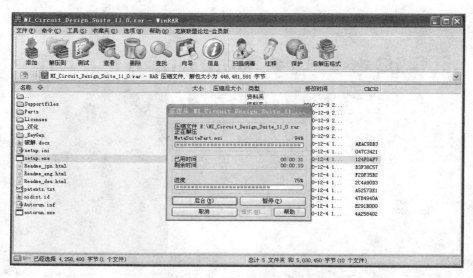

图 4-1　双击 setup. exe

2. 在图 4-2 中选择"Install this product for evaluation"，意思为"试用"。

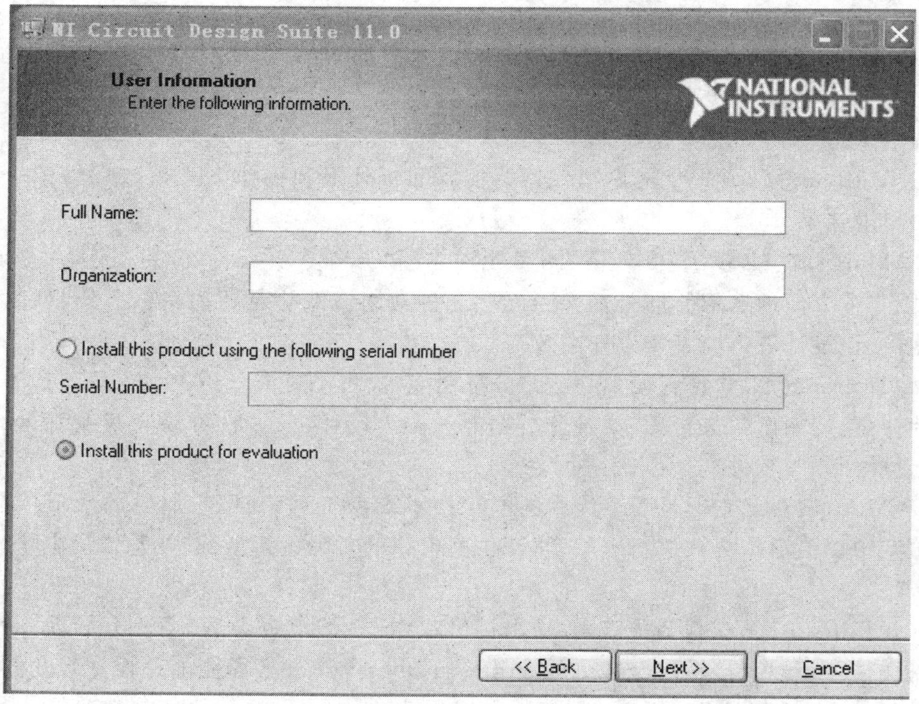

图 4-2　选择试用版

3. 如图 4-3 所示,选择安装路径。

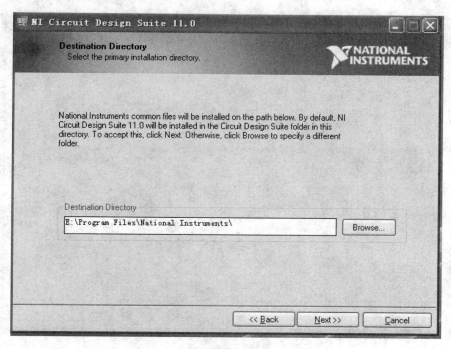

图 4-3 选择安装路径

4. 接下来按照提示继续单击 Next,如图 4-4、图 4-5、图 4-6 所示。

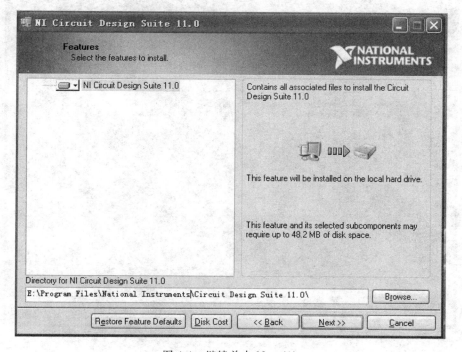

图 4-4 继续单击 Next(1)

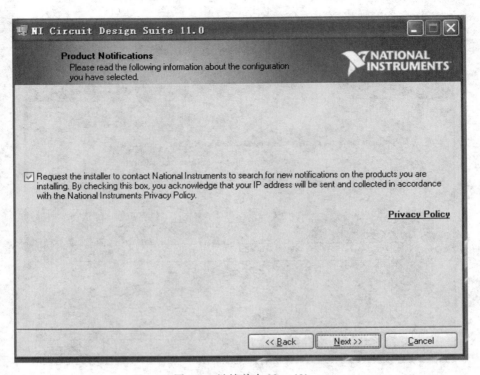

图 4-5　继续单击 Next(2)

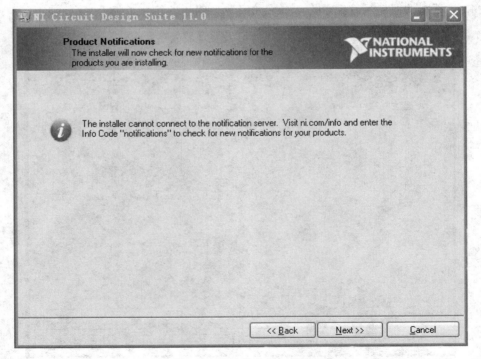

图 4-6　继续单击 Next(3)

5. 接受软件许可协议，如图 4-7、图 4-8 所示。

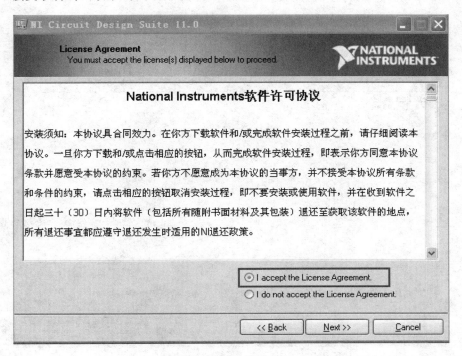

图 4-7 接受协议(1)

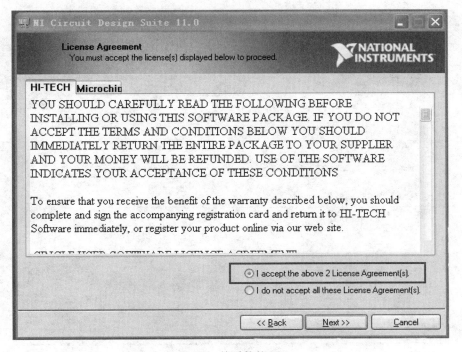

图 4-8 接受协议(2)

6. 继续单击 Next,将显示安装过程,如图 4-9、图 4-10、图 4-11 所示。

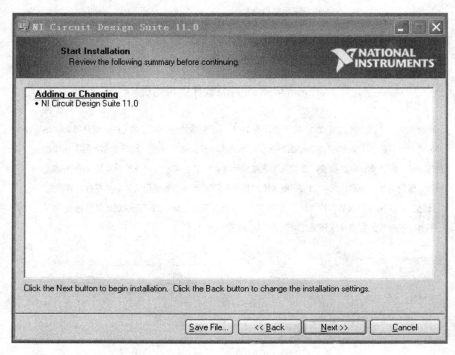

图 4-9　开始安装

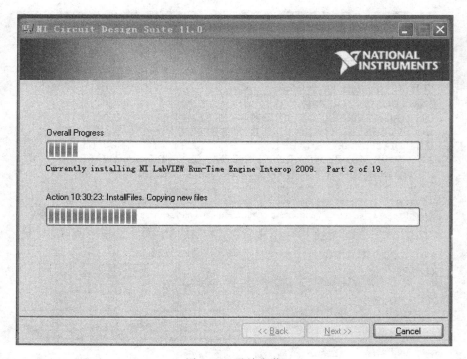

图 4-10　继续安装

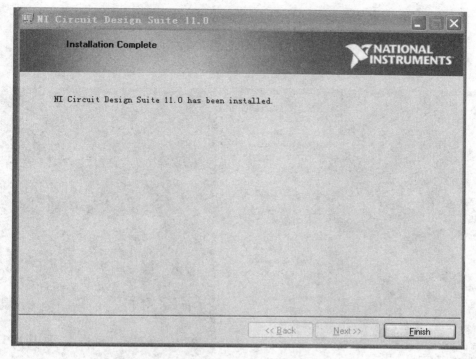

图 4-11　安装完成

7. 在学校计算机中心使用该软件时，请勿选择重启按钮 Restart，可选择 Shut Down，如图 4-12 所示。至此安装完毕。

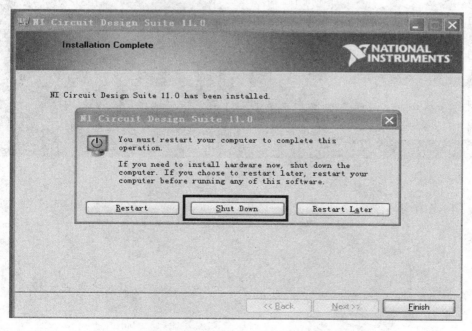

图 4-12　在学校计算机中心安装完毕后的界面显示

二、Multisim 11.0 的启动

1. 单击"开始"→"程序"→"National Instruments"→"Circuit Design Suite 11.0"→"Multisim 11.0",如图 4-13 所示。

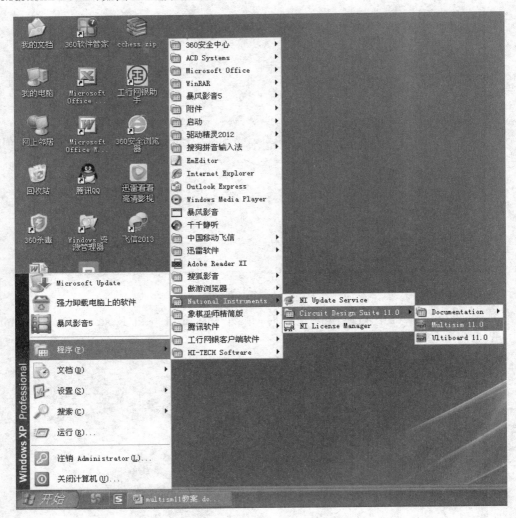

图 4-13　启动 Multisim 11.0

2. 出现图 4-14 所示界面后,单击"试用(E)"按钮。

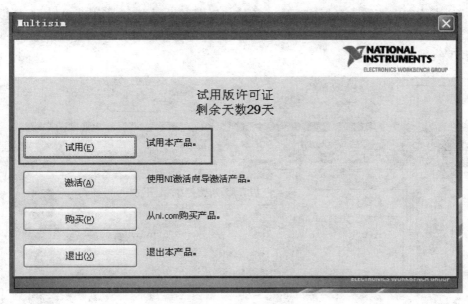

图 4-14　单击试用(E)

3. 单击"试用(E)"按钮后出现的界面如图 4-15 所示,稍等片刻进入 Multisim 11.0 用户界面。

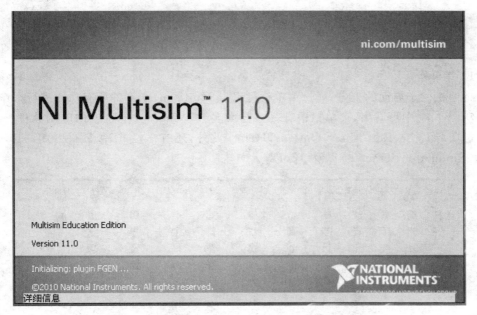

图 4-15　单击试用(E)后出现的界面

三、Multisim 11.0 用户界面介绍

启动 Multisim 11.0 以后的操作界面如图 4-16 所示。所有电路的输入、连接、编辑、

测试及仿真均在电路图编辑区内完成。该软件以图形界面为主,采用菜单栏、工具栏和热键相结合的方式,具有一般 Windows 应用软件的界面风格,用户可以根据自己的习惯和熟悉程度自如使用。

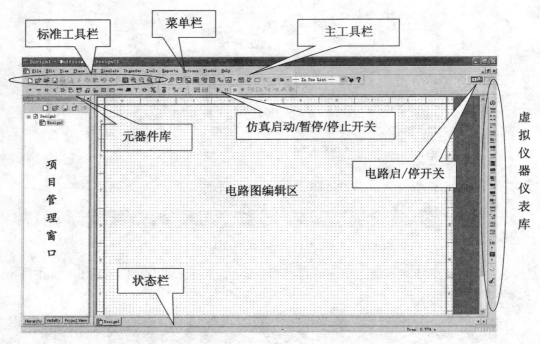

图 4-16　Multisim 11.0 主窗口

1. 菜单栏

菜单栏位于界面的上方,通过菜单栏可以对 Multisim 11.0 的所有功能进行操作。

从图 4-17 中可看出,菜单栏中有一些与大多数 Windows 平台上的应用软件一致的功能选项,如 File、Edit、View、Options、Help。此外,还有一些 EDA 软件专用的选项,如 Place、Simulation、Transfer 以及 Tool 等。

File	Edit	View	Place	MCU	Simulate	Transfer	Tools	Reports	Options	Window	Help
打开、新建、保存文件	编辑操作	显示查看	放置元器件节点导线	单片机仿真	仿真分析	与 PCB 软件数据传送	元器件修改	产生报告	用户设置	浏览功能	帮助

图 4-17　菜单栏

（1）File。如图 4-18 所示，File 菜单中包含了对文件和项目的基本操作以及打印等命令。

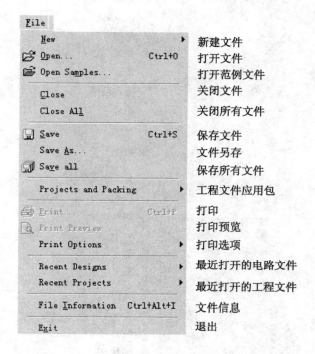

图 4-18　File 菜单

（2）Edit。如图 4-19 所示，Edit 菜单提供了类似于图形编辑软件的基本编辑功能，用于对电路图进行编辑。

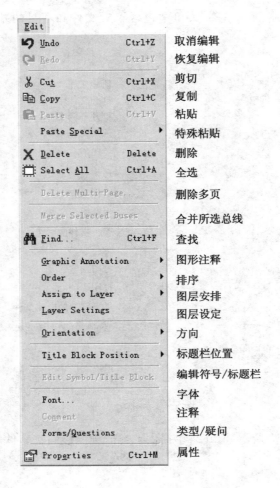

图 4-19　Edit 菜单

（3）View。通过 View 菜单（见图 4-20）可以决定使用软件时的视图，对一些工具栏和窗口进行控制。

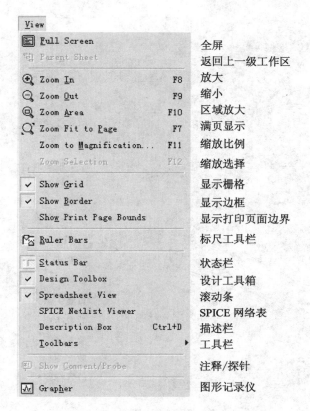

View		
Full Screen		全屏
Parent Sheet		返回上一级工作区
Zoom In	F8	放大
Zoom Out	F9	缩小
Zoom Area	F10	区域放大
Zoom Fit to Page	F7	满页显示
Zoom to Magnification...	F11	缩放比例
Zoom Selection	F12	缩放选择
Show Grid		显示栅格
Show Border		显示边框
Show Print Page Bounds		显示打印页面边界
Ruler Bars		标尺工具栏
Status Bar		状态栏
Design Toolbox		设计工具箱
Spreadsheet View		滚动条
SPICE Netlist Viewer		SPICE 网络表
Description Box	Ctrl+D	描述栏
Toolbars		工具栏
Show Comment/Probe		注释/探针
Grapher		图形记录仪

图 4-20　View 菜单

(4)Place。Place 菜单如图 4-21 所示,通过 Place 命令可输入电路图。

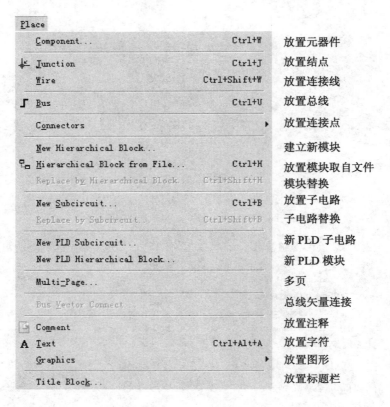

图 4-21　Place 菜单

（5）MCU。MCU 菜单如图 4-22 所示，利用它可以完成与单片机有关的操作。

图 4-22　MCU 菜单

（6）Simulate。通过 Simulate 菜单（见图 4-23）可执行仿真分析命令。

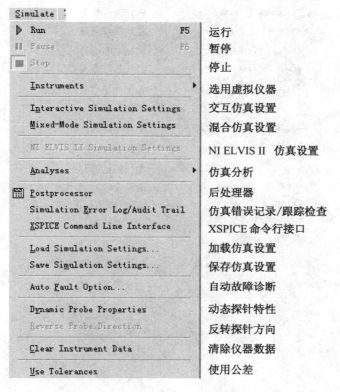

Run　　F5	运行
Pause　　F6	暂停
Stop	停止
Instruments	选用虚拟仪器
Interactive Simulation Settings	交互仿真设置
Mixed-Mode Simulation Settings	混合仿真设置
NI ELVIS II Simulation Settings	NI ELVIS II 仿真设置
Analyses	仿真分析
Postprocessor	后处理器
Simulation Error Log/Audit Trail	仿真错误记录/跟踪检查
XSPICE Command Line Interface	XSPICE命令行接口
Load Simulation Settings...	加载仿真设置
Save Simulation Settings...	保存仿真设置
Auto Fault Option...	自动故障诊断
Dynamic Probe Properties	动态探针特性
Reverse Probe Direction	反转探针方向
Clear Instrument Data	清除仪器数据
Use Tolerances	使用公差

图 4-23　Simulate 菜单

（7）Transfer。Transfer 菜单（见图 4-24）提供的命令可以完成 Multisim 对其他 EDA 软件需要的文件格式的输出。Ultiboard 为 Multisim 中的电路板设计软件。

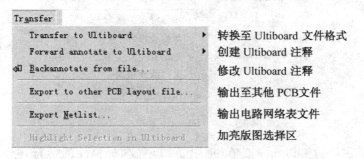

Transfer to Ultiboard	转换至 Ultiboard 文件格式
Forward annotate to Ultiboard	创建 Ultiboard 注释
Backannotate from file...	修改 Ultiboard 注释
Export to other PCB layout file...	输出至其他 PCB文件
Export Netlist...	输出电路网络表文件
Highlight Selection in Ultiboard	加亮版图选择区

图 4-24　Transfer 菜单

（8）Tools。Tools 菜单（见图 4-25）主要针对元器件的编辑与管理。

Component Wizard	创元器件数据库
Database	建元器件向导
Circuit Wizards	创建电路向导
SPICE Netlist Viewer	SPICE 网络表观察器
Rename/Renumber Components	元器件重命名/重编号
Replace Components...	替换元器件
Update Circuit Components	更新电路元器件
Update HB/SC Symbols	更新 HB/SC 符号
Electrical Rules Check...	电气规则检测
Clear ERC Markers...	清除 ERC 标记
Toggle NC Marker	绑定 NC 标记
Symbol Editor	符号编辑器
Title Block Editor	标题栏编辑器
Description Box Editor	描述框编辑器
Capture Screen Area	捕获屏幕区域
Show Breadboard	显示虚拟实验板
Online Design Resources	在线设计资源
Education Web Page	教育网页

图 4-25　Tools 菜单

（9）Reports。Reports 菜单（见图 4-26）形成电路清单。

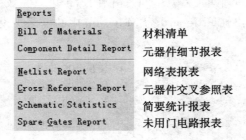

Bill of Materials	材料清单
Component Detail Report	元器件细节报表
Netlist Report	网络表报表
Cross Reference Report	元器件交叉参照表
Schematic Statistics	简要统计报表
Spare Gates Report	未用门电路报表

图 4-26　Reports 菜单

（10）Options。通过 Options 菜单（见图 4-27）可以对软件的运行环境进行定制和设置。

图 4-27　Options 菜单

（11）Window。Window 菜单（见图 4-28）可对窗口进行操作。

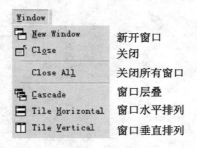

图 4-28　Window 菜单

（12）Help。Help 菜单（见图 4-29）提供了对 Multisim 的在线帮助和辅助说明。

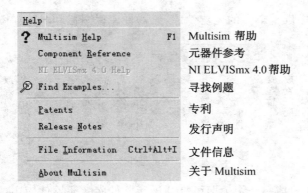

图 4-29　Help 菜单

2. 标准工具栏

主菜单栏下为标准工具栏，如图 4-30 所示。像大多数 Windows 应用程序一样，Multisim 11.0 把一些常用功能以图标按钮的样式排列成一条工具栏，便于用户使用。各图标按钮的具体功能可参阅相应菜单说明。

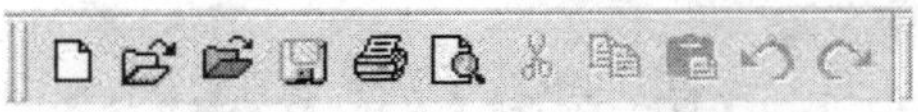

图 4-30 标准工具栏

3. 视图工具栏

视图工具栏如图 4-31 所示。

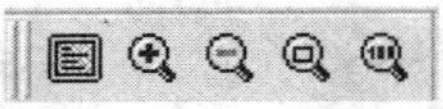

图 4-31 视图工具栏

4. 主工具栏

主工具栏如图 4-32 所示。

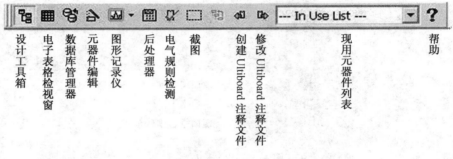

--- In Use List ---
设计工具箱
电子表格检视窗
数据库管理器
元器件编辑
图形记录仪
后处理器
电气规则检测
截图
创建 Ultiboard 注释文件
修改 Ultiboard 注释文件
现用元器件列表
帮助

图 4-32 主工具栏

5. 元器件库

Multisim 11.0 提供了丰富的元器件库，元器件库栏图标和名称如图 4-33 所示。

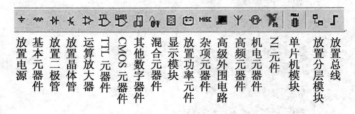

MISC
放置电源
基本元器件
放置二极管
放置晶体管
运算放大器
TTL 元器件
CMOS 元器件
其他数字器件
混合元器件
显示模块
放置功率元件
杂项元器件
高级外围电路
高频元器件
机电元器件
NI 元件
单片机模块
放置分层模块
放置总线

图 4-33 元器件库

单击元器件库栏的某一个图标即可打开该元器件库。元器件库中的各个图标所表示的元器件含义如下面所介绍。也可使用在线帮助功能查阅有关的内容。

(1)电源/信号源库(Source)÷。该库包含有接地端、直流电压源(电池)、正弦交流电压源、方波(时钟)电压源、各种受控源、压控方波电压源等多种电源与信号源。电源/信号源库如图 4-34 所示。

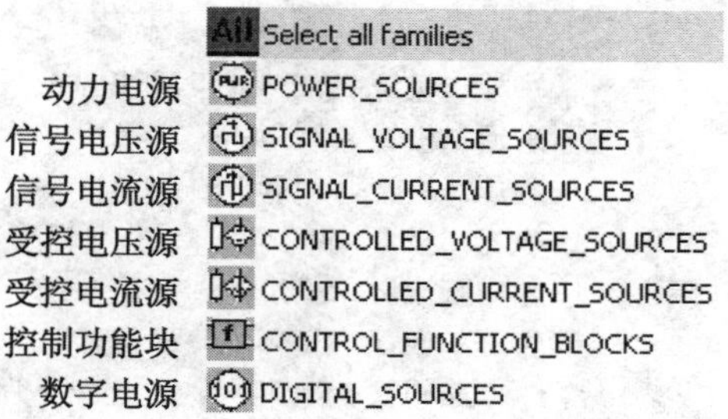
Select all families
动力电源 POWER_SOURCES
信号电压源 SIGNAL_VOLTAGE_SOURCES
信号电流源 SIGNAL_CURRENT_SOURCES
受控电压源 CONTROLLED_VOLTAGE_SOURCES
受控电流源 CONTROLLED_CURRENT_SOURCES
控制功能块 CONTROL_FUNCTION_BLOCKS
数字电源 DIGITAL_SOURCES

图 4-34　电源/信号源库

(2)基本元器件库(Basic)。该库包含有电阻、电容等多种元件。基本元器件库中虚拟元器件的参数是可以任意设置的,非虚拟元器件的参数是固定的,但可以选择。基本元器件库如图 4-35 所示。

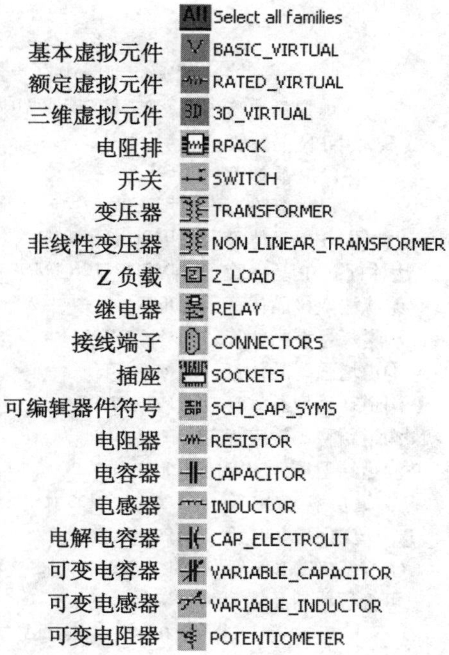
Select all families
基本虚拟元件 BASIC_VIRTUAL
额定虚拟元件 RATED_VIRTUAL
三维虚拟元件 3D_VIRTUAL
电阻排 RPACK
开关 SWITCH
变压器 TRANSFORMER
非线性变压器 NON_LINEAR_TRANSFORMER
Z 负载 Z_LOAD
继电器 RELAY
接线端子 CONNECTORS
插座 SOCKETS
可编辑器件符号 SCH_CAP_SYMS
电阻器 RESISTOR
电容器 CAPACITOR
电感器 INDUCTOR
电解电容器 CAP_ELECTROLIT
可变电容器 VARIABLE_CAPACITOR
可变电感器 VARIABLE_INDUCTOR
可变电阻器 POTENTIOMETER

图 4-35　基本元器件库

(3)二极管库(Diode)。该库包括各种二极管及晶闸管、全波桥式整流电路等,如图 4-36 所示。

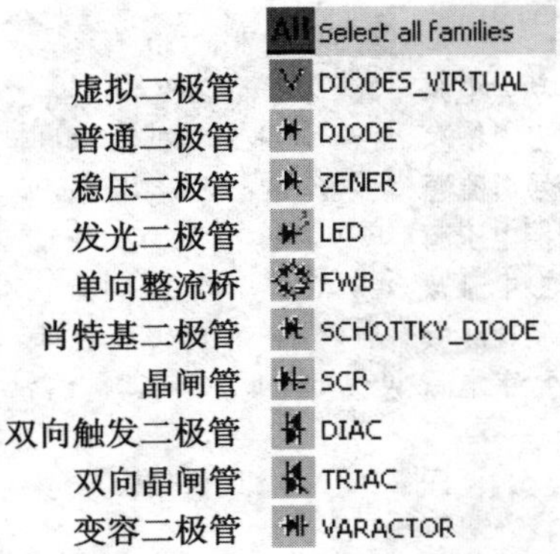

	All Select all families
虚拟二极管	DIODES_VIRTUAL
普通二极管	DIODE
稳压二极管	ZENER
发光二极管	LED
单向整流桥	FWB
肖特基二极管	SCHOTTKY_DIODE
晶闸管	SCR
双向触发二极管	DIAC
双向晶闸管	TRIAC
变容二极管	VARACTOR

图 4-36　二极管库

(4)晶体管库(Transistors) ⚡ 。该库包括各种晶体管、各类场效应管等,如图 4-37 所示。

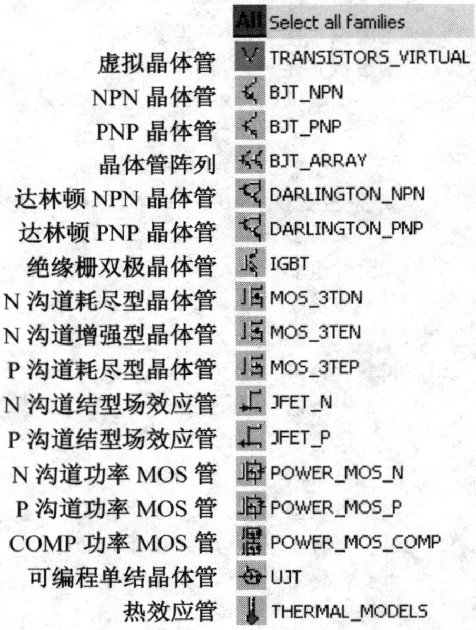

	All Select all families
虚拟晶体管	TRANSISTORS_VIRTUAL
NPN 晶体管	BJT_NPN
PNP 晶体管	BJT_PNP
晶体管阵列	BJT_ARRAY
达林顿 NPN 晶体管	DARLINGTON_NPN
达林顿 PNP 晶体管	DARLINGTON_PNP
绝缘栅双极晶体管	IGBT
N 沟道耗尽型晶体管	MOS_3TDN
N 沟道增强型晶体管	MOS_3TEN
P 沟道耗尽型晶体管	MOS_3TEP
N 沟道结型场效应管	JFET_N
P 沟道结型场效应管	JFET_P
N 沟道功率 MOS 管	POWER_MOS_N
P 沟道功率 MOS 管	POWER_MOS_P
COMP 功率 MOS 管	POWER_MOS_COMP
可编程单结晶体管	UJT
热效应管	THERMAL_MODELS

图 4-37　晶体管库

(5)模拟器件库(Analog ICs) ⚡ 。该库包括各种运算放大器、电压比较器等,如图 4-38所示。

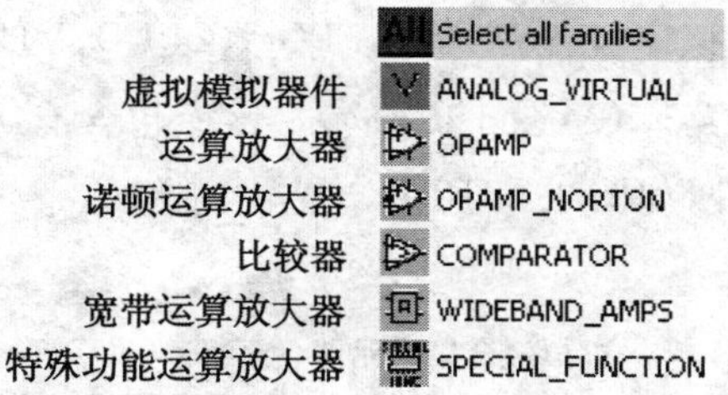
Select all families
虚拟模拟器件 ANALOG_VIRTUAL
运算放大器 OPAMP
诺顿运算放大器 OPAMP_NORTON
比较器 COMPARATOR
宽带运算放大器 WIDEBAND_AMPS
特殊功能运算放大器 SPECIAL_FUNCTION

图 4-38　模拟器件库

(6)TTL 器件库。该库包含有 74××系列和 74LS××系列等 74 系列数字电路器件，如图 4-39 所示。所有芯片功能、引脚排列、参数和模型等信息都可从属性对话框中读取。

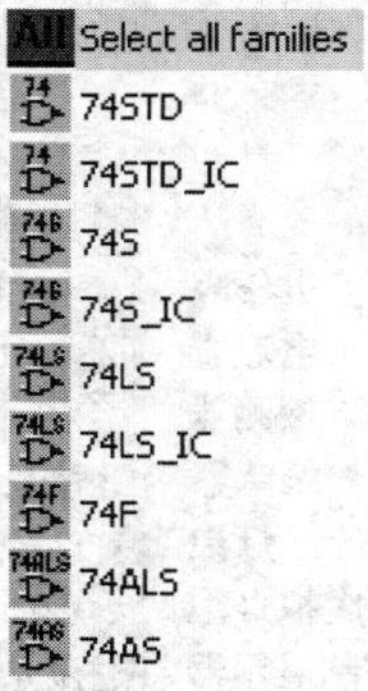
Select all families
74STD
74STD_IC
74S
74S_IC
74LS
74LS_IC
74F
74ALS
74AS

图 4-39　TTL 器件库

(7)CMOS 器件库(CMOS)。该库包含多种 CMOS 数字集成电路系列器件，如图 4-40 所示。

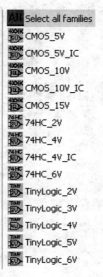

Select all families
CMOS_5V
CMOS_5V_IC
CMOS_10V
CMOS_10V_IC
CMOS_15V
74HC_2V
74HC_4V
74HC_4V_IC
74HC_6V
TinyLogic_2V
TinyLogic_3V
TinyLogic_4V
TinyLogic_5V
TinyLogic_6V

图 4-40　CMOS 器件库

（8）数字器件库▥。该库包含有 DSP、FPGA、CPLD、VHDL 等多种器件。

（9）数模混合集成电路库（Mixed ICs）▦。该库包含有 ADC/DAC、555 定时器等多种数模混合集成电路器件，如图 4-41 所示。

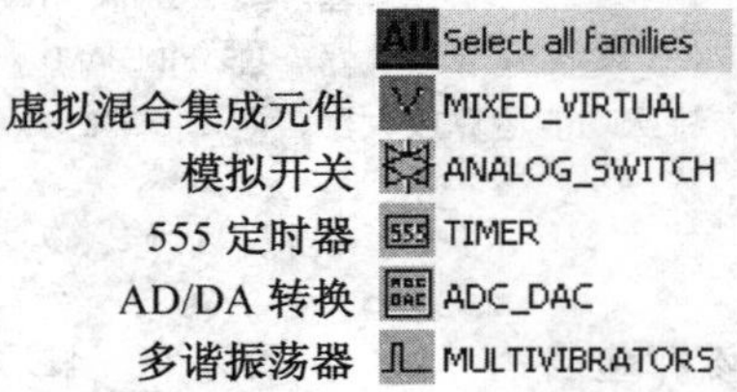

虚拟混合集成元件　MIXED_VIRTUAL
模拟开关　ANALOG_SWITCH
555 定时器　TIMER
AD/DA 转换　ADC_DAC
多谐振荡器　MULTIVIBRATORS

图 4-41　数模混合集成电路库

（10）指示器件库▦。该库包含有电压表、电流表、七段数码管等多种器件，如图 4-42 所示。

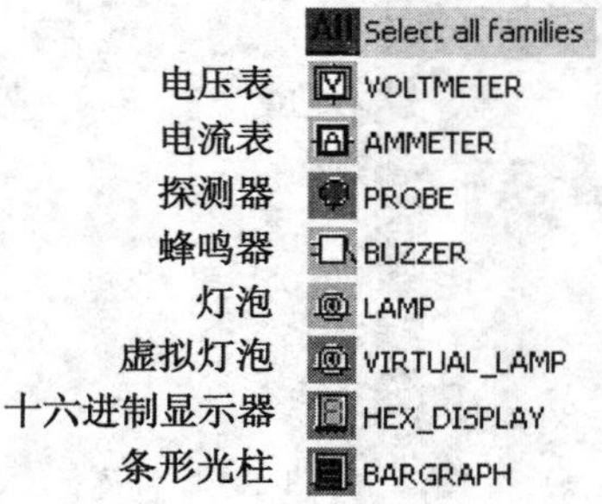

电压表　VOLTMETER
电流表　AMMETER
探测器　PROBE
蜂鸣器　BUZZER
灯泡　LAMP
虚拟灯泡　VIRTUAL_LAMP
十六进制显示器　HEX_DISPLAY
条形光柱　BARGRAPH

图 4-42　指示器件库

（11）电源器件库▦。该库包含有三端稳压器、熔断器、PWM 控制器等多种电源器件，如图 4-43 所示。

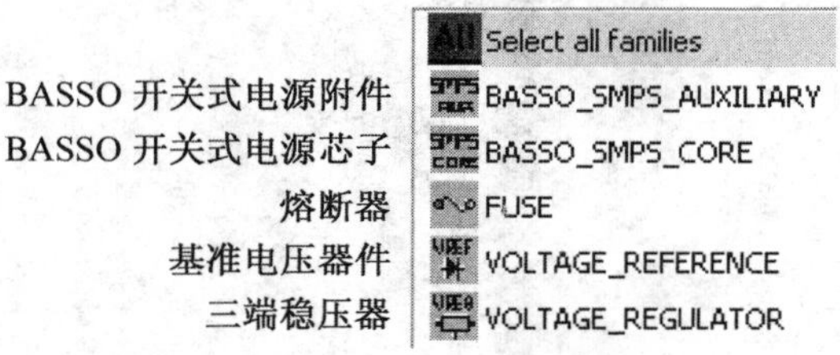

BASSO 开关式电源附件　BASSO_SMPS_AUXILIARY
BASSO 开关式电源芯子　BASSO_SMPS_CORE
熔断器　FUSE
基准电压器件　VOLTAGE_REFERENCE
三端稳压器　VOLTAGE_REGULATOR

图 4-43　电源器件库

（12）其他器件库▦。该库包含有晶振、真空管、传输线、滤波器等多种器件，如图 4-44所示。

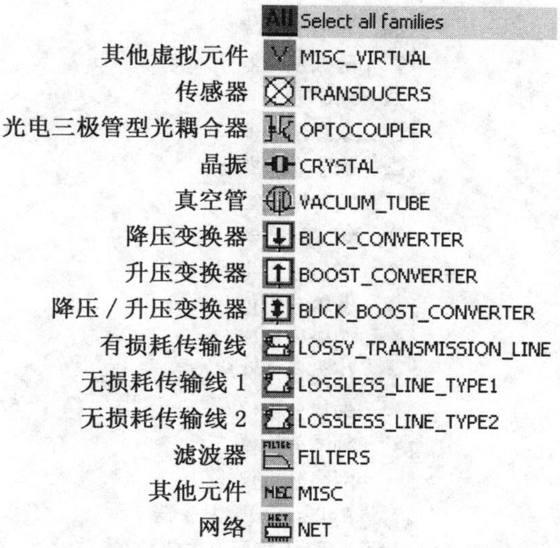

其他虚拟元件　MISC_VIRTUAL
传感器　TRANSDUCERS
光电三极管型光耦合器　OPTOCOUPLER
晶振　CRYSTAL
真空管　VACUUM_TUBE
降压变换器　BUCK_CONVERTER
升压变换器　BOOST_CONVERTER
降压 / 升压变换器　BUCK_BOOST_CONVERTER
有损耗传输线　LOSSY_TRANSMISSION_LINE
无损耗传输线 1　LOSSLESS_LINE_TYPE1
无损耗传输线 2　LOSSLESS_LINE_TYPE2
滤波器　FILTERS
其他元件　MISC
网络　NET

图 4-44　其他器件库

（13）键盘显示器库▇。该库包含有键盘、LCD 等多种器件，如图 4-45 所示。

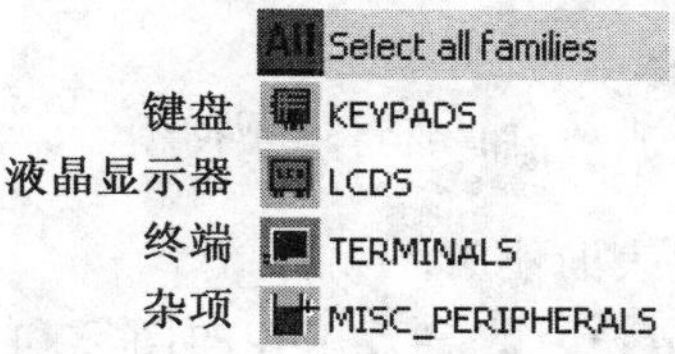

键盘　KEYPADS
液晶显示器　LCDS
终端　TERMINALS
杂项　MISC_PERIPHERALS

图 4-45　键盘显示器库

（14）射频元器件库Ψ。该库包含有射频晶体管、射频 FET、微带线等多种射频元器件。

（15）机电类器件库⊕。该库包含有开关、继电器等多种机电类器件。

（16）微控制器件库▇。该库包含有 8051、PIC 等多种微控制器。

6. 虚拟仪器工具栏

Multisim 11.0 提供的仪器仪表除了一般电子实验室常用的测量仪器以外，还有类型丰富的虚拟仪器，如图 4-46 所示。这些虚拟仪器可以从 Instruments 工具栏，或用菜单命令（Simulation→instrument）选用。在选用后，各种虚拟仪器都以面板的方式显示在电路中。

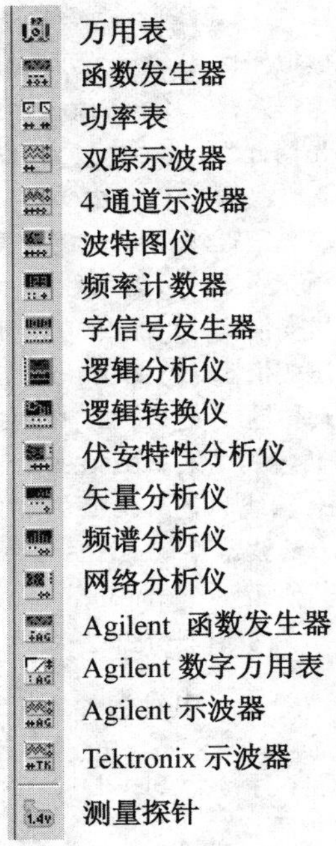

	万用表
	函数发生器
	功率表
	双踪示波器
	4 通道示波器
	波特图仪
	频率计数器
	字信号发生器
	逻辑分析仪
	逻辑转换仪
	伏安特性分析仪
	矢量分析仪
	频谱分析仪
	网络分析仪
	Agilent 函数发生器
	Agilent 数字万用表
	Agilent 示波器
	Tektronix 示波器
	测量探针

图 4-46　虚拟仪器

下面介绍几种常用仪器仪表的使用。

(1)数字万用表(Multimeter)。数字万用表的图标和面板如图 4-47 所示,其连接方法、注意事项与实际万用表相同,用于测量交/直流电压、交/直流电流、电阻、电路中两个节点之间的分贝损耗。

数字万用表不需用户设置量程,参数默认为理想参数(比如电流表内阻为 0),用户可以修改参数。

数字万用表上各符号的含义如下:

A——测电流

V——测电压

Ω——测电阻

dB——测两节点之间的电压增益($1\ dB=20lg\dfrac{V_{out}}{V_{in}}$)

～——测交流(有效值 RMS)

— ——测直流

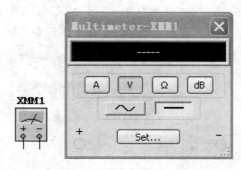

图 4-47　数字万用表的图标和面板

单击 Set 按钮,将出现图 4-48 所示对话框,在此对话框中可设置万用表参数。

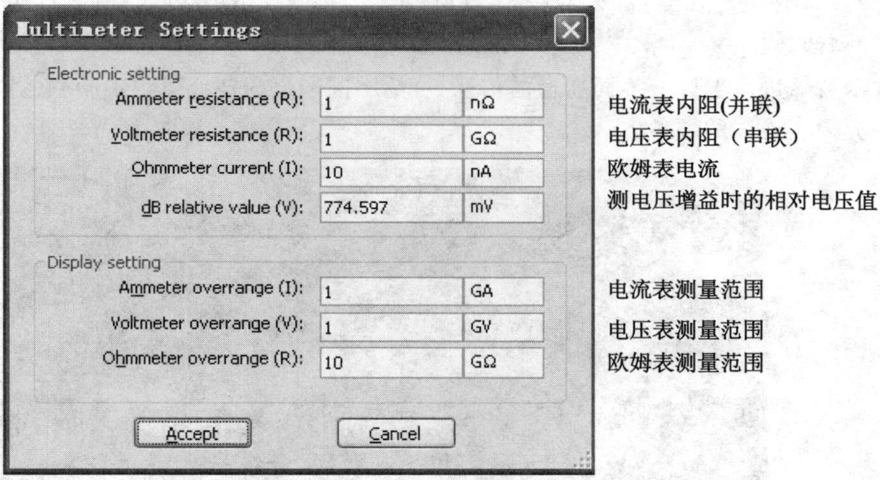

Multimeter Settings			
Electronic setting			
Ammeter resistance (R):	1	nΩ	电流表内阻(并联)
Voltmeter resistance (R):	1	GΩ	电压表内阻(串联)
Ohmmeter current (I):	10	nA	欧姆表电流
dB relative value (V):	774.597	mV	测电压增益时的相对电压值
Display setting			
Ammeter overrange (I):	1	GA	电流表测量范围
Voltmeter overrange (V):	1	GV	电压表测量范围
Ohmmeter overrange (R):	10	GΩ	欧姆表测量范围
Accept	Cancel		

图 4-48　数字万用表对话框

(2)函数信号发生器(Function Generator)。函数信号发生器(见图 4-49)是用来产生正弦波、三角波、方波电压信号的仪器。使用时,根据要求在波形区(Waveforms)中选择所需信号。在信号选项区可设置信号源的频率(0.001 pHz~1000 THz)、占空比(1%~99%)、幅度、偏置直流。单击 Set Rise/Fall Time 按钮,可设置方波上升时间和下降时间。

连接函数信号发生器的"+"和 Common 端子时,输出为正极性信号;连接 Common 和"-"端子时,输出为负极性信号;连接"+"和"-"端子时,可得两倍有效值的信号。

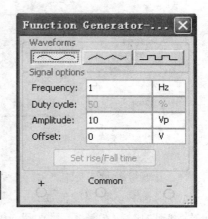

图 4-49　函数信号发生器

(3)功率计/瓦特计(Wattmeter)。功率计(见图 4-50)是用来测量电路交/直流信号的功率、功率因数的仪器。使用时,应使电压端子"＋"端与电流端子"＋"端连接在一起。电压端子与待测设备并联可测量电压,电流端子与待测设备串联可测量电流。

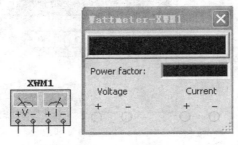

图 4-50　功率计

（4）双踪示波器（Oscilloscope）。双踪示波器（见图 4-51）可测量两路信号电压幅值和频率,显示波形曲线。

为了在示波器屏幕上区分不同通道的信号,可给不同通道的连线设定不同颜色,波形颜色就是相应通道连线的颜色。

图 4-51　双踪示波器

①测量数据显示区。在示波器显示区有两个可以任意移动的游标,游标所处的位置和所测量的信号幅度值在该区域中显示。其中,T1、T2 分别表示两个游标的位置,即信号出现的时间;Channel A、Channel B 分别表示两个游标所测得的 A 通道和 B 通道信号在测量位置具有的幅值;T1－T2 表示两个时刻所测数据差值。

②时基控制（Time base）。

Y/T：默认显示方式，波形随时间变化。

Add：A 通道信号和 B 通道信号叠加显示。

B/A：A 通道信号作为 X 轴扫描，B 通道信号随 A 通道信号变化的波形。

A/B：B 通道信号作为 X 轴扫描，A 通道信号随 B 通道信号变化的波形。

③A(B)信号通道控制调节。

AC 方式：仅显示信号的交流成分。

0 方式：无信号输入。

DC 方式：显示交流和直流信号之和。

④触发控制(Trigger)。

Edge：触发边沿选择(上升沿、下降沿、A 通道、B 通道、外部触发)。

Level：触发电平，信号超过该值示波器才采样显示。

Type：触发方式。

　　　Sing.：单次扫描，触发信号来到后开始一次扫描。

　　　Nor.：常态扫描，没有触发信号则没有扫描线。

　　　Auto：自动扫描，不管有无触发信号均有扫描线。

功能按钮 Reverse 可显示窗口反色；Save 为存储示波器数据，格式为"＊.scp"。

四、电路仿真基本步骤

1. 建立电路文件

打开 Multisim 11.0 时会自动打开空白电路文件，保存时可以重新命名。也可单击菜单栏 File→New 按钮或者工具栏 New 按钮或者用快捷键 Ctrl＋N 新建电路文件。

2. 从元器件库中调用所需的元器件

每个元器件都有默认的属性，双击元器件图标，就可以通过属性对话框对其参数等属性进行修改。

3. 电路连接及导线调整

选定元件，移动至合适位置，单击起始引脚，鼠标指针变为"十"字形，移动鼠标至目标引脚或导线再次单击，即可完成自动连线。手动连线时，在需要拐弯处单击固定拐点，元器件与导线连接系统自动在交叉点放节点。选择菜单 Place→Junction 或按快捷键 Ctrl＋J，可以在已有连线上增加一个节点(Junction)，从该节点引出新的连线。

选中导线或节点，点击右键，选 Delete 可删除该导线或节点。

为方便仿真结果输出，在 Options 菜单下选择 Sheet Properties 对话框中的 Circuit/Net Names：Show All 可显示节点编号。

4. 仪器仪表的调用和连接

仪器仪表的调用和连接同元器件的调用和连接。

5. 电路仿真及输出结果

按下仿真开关，电路开始工作。可对文件进行保存，便于后续仿真、查看测试结果等。

第二节   电路仿真分析实验

实验一   叠加原理仿真

一、实验目的

1. 熟悉 Multisim 11.0 软件的使用方法。
2. 掌握直流电路的仿真方法和步骤。

二、虚拟实验仪器及器材

电压表、电流表。

三、实验预习

1. 复习叠加原理内容及解题步骤。
2. 电路如图 4-52 所示,请用叠加原理计算 R3 两端电压,并记录下来。

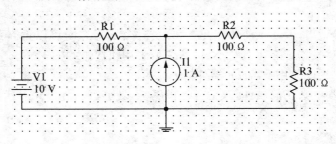

图 4-52   叠加原理实验电路

四、实验指导

1. 启动 Multisim 11.0,如图 4-53 所示。

图 4-53　Multisim 11.0 主窗口

2. 单击菜单栏上的 Place 按钮，弹出如图 4-54 所示的 Select a Component 对话框，选择 DC_POWER，单击 OK 按钮。

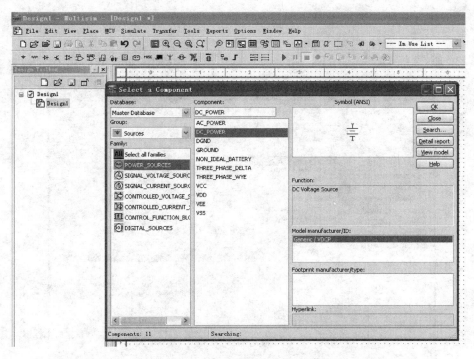

图 4-54　Select a Component 对话框

此时 DC_POWER 将随鼠标一起移动，在工作区适当位置单击就可得到一个直流电压源。双击 DC_POWER，出现如图 4-55 所示对话框，修改所需电源电压大小。

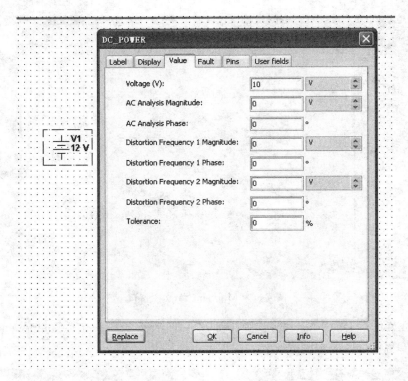

图 4-55　DC_POWER 对话框

3. 同理，选择 DC_CURRENT，并修改理想电流源数值，如图 4-56 所示。

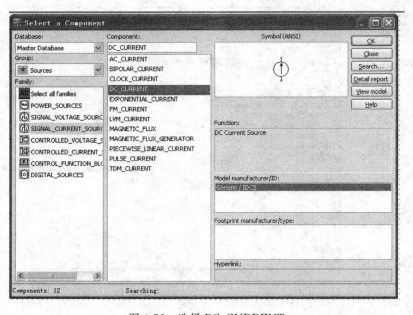

图 4-56　选择 DC_CURRENT

4. 在 Group 下拉菜单中选择 Basic，在 Family 中选择 RESISTOR，在 Component 下拉菜单中选择 100 Ω，如图 4-57 所示。

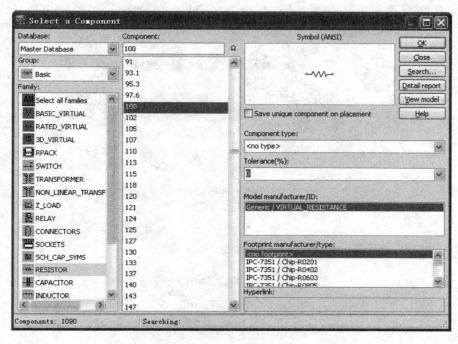

图 4-57　选择 RESISTOR

上述三个元件放置后的界面如图 4-58 所示。

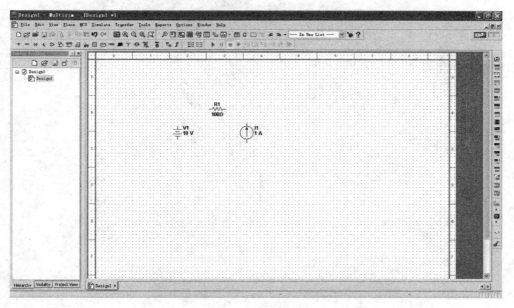

图 4-58　放置元件后界面

5. 选中 100 Ω 电阻,右击,选择"复制"(见图 4-59),在工作区放置两个 100 Ω 电阻。

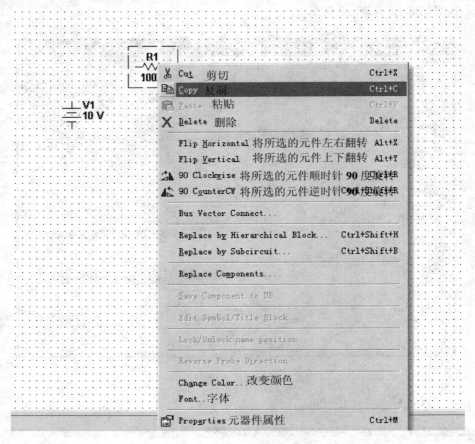

图 4-59　复制 RESISTOR

6. 调整电阻方向,得到图 4-60。

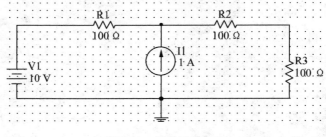

图 4-60　调整元件方向

7. 放置 GROUND，如图 4-61 所示。仿真电路一定要接地！

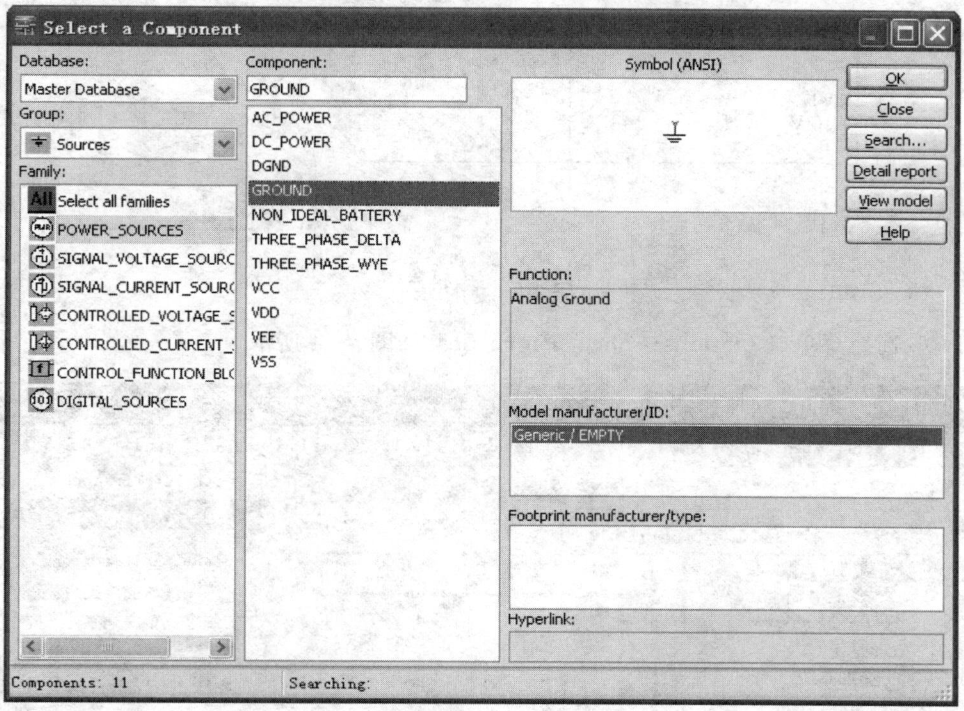

图 4-61　放置 GROUND

8. 把鼠标移动到元件的管脚，单击，便可以连接线路，如图 4-62 所示。对于本电路，大多数连线用自动连线完成。

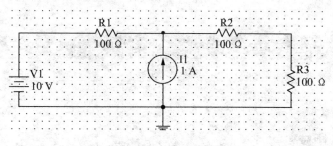

图 4-62　完成电路连接

9. 右击选中一段连线，再点击左键，出现图 4-63 所示菜单，可对连线进行删除、改变颜色等编辑。

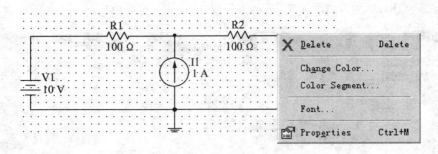

图 4-63　编辑连线

10. 选择菜单栏 Options→Sheet Properties，如图 4-64 所示。

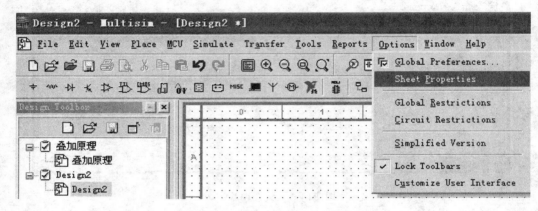

图 4-64　Sheet Properties 菜单

11. 在弹出的对话框中选取 Show all，再依次单击 Apply 和 OK 按钮，如图 4-65 所示。

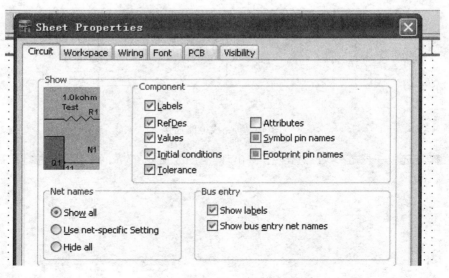

图 4-65　Sheet Properties 对话框

12. 此时,电路中每条线路上便出现编号,如图 4-66 所示,以便于后来仿真。

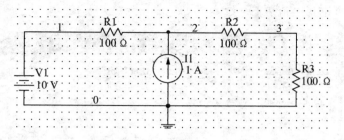

图 4-66　带编号的电路

13. 放置电压表。单击菜单栏上 Place,弹出如图 4-67 所示的 Select a Component 对话框,选择 Indicators 中的电压表⊻ VOLTMETER,单击 OK 按钮。把⊻ VOLTMETER U1 并联在 R3 两端。

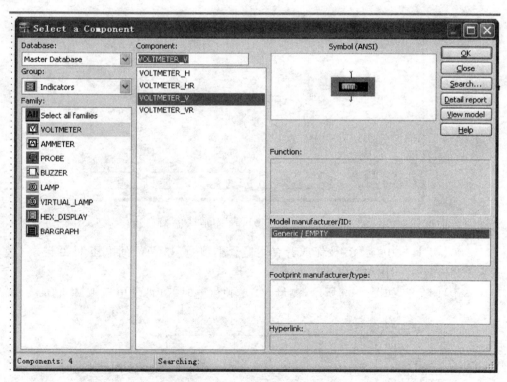

图 4-67　选择电压表

14. 双击 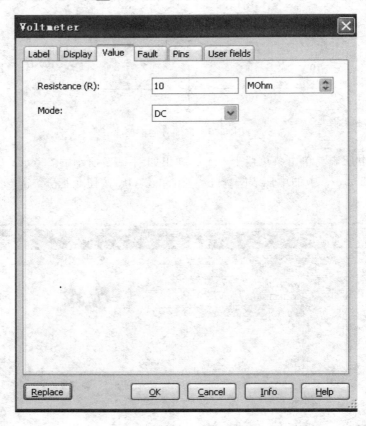 voltmeter，出现如图 4-68 所示对话框。直流电路中选择 DC 模式。同理，如需测量电流，可选择电流表 ammeter。

图 4-68　"电压表"对话框

15. 单击工具栏中"运行"按钮或者右侧 ，测量 R3 两端的电压 U 并记录，这个电压为 V1 和 I1 共同作用的结果。

16. 将 I1 断开，如图 4-69 所示，测量 V1 单独供电时 R3 两端电压 U′并记录。

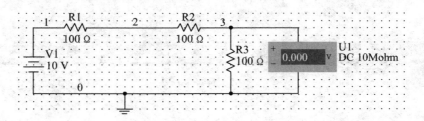

图 4-69　V1 单独供电时电路

17. 将 V1 短路,如图 4-70 所示,测量 I1 单独供电时 R3 两端电压 U″并记录。

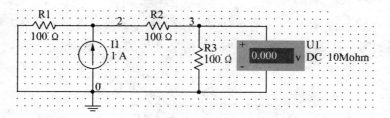

图 4-70　I1 单独供电时电路

五、实验报告要求

1. 分析 V1 和 I1 单独工作时 R3 两端的电压之和是否等于 V1 和 I1 共同作用时 R3 两端的电压,并说明叠加原理的正确性。

2. 按照上述实验指导完成图 4-65 所示电路叠加原理仿真,并保留运行结果截图。

六、练习与思考

试用叠加原理计算图 4-71 中电阻 R1 中的电流,并用 Multisim 11.0 仿真实现。

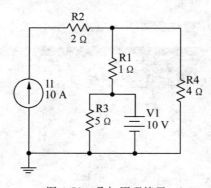

图 4-71　叠加原理练习

实验二　电路暂态分析仿真

一、实验目的

1. 掌握 RC 一阶电路零输入响应、零状态响应和全响应的基本规律和特点。
2. 学习使用虚拟双踪示波器。

二、虚拟实验仪器及器材

双踪示波器。

三、实验预习

1. 回顾 RC 一阶电路零输入响应、零状态响应和全响应及暂态电路的三要素法。

2. 电路如图 4-72 所示,请计算电容 C1 两端电压的初始值、稳态值及电路的时间常数 τ。

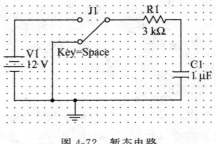

图 4-72　暂态电路

四、实验指导

本实验以电容充放电特性仿真测试为例,说明 Multisim 11.0 软件仿真电路暂态分析的方法和步骤。

1. 打开 Multisim 11.0,建立新文件,在工作区放置图 4-73 中的元件。

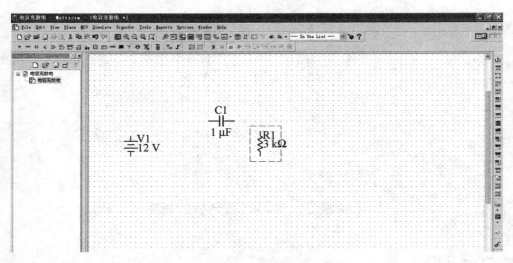

图 4-73　新建文件

2. 单击菜单栏上 Place,弹出如图 4-74 所示的 Select a Component 对话框,选择 Basic→ SWITCH →SPDT,在工作区放置开关 J1,此开关由 Space 键控制。放置接地端,连接电路如图 4-72 所示。

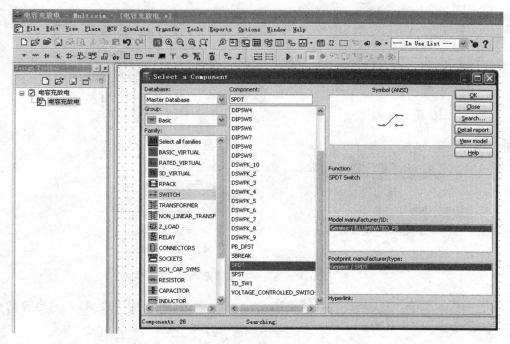

图 4-74　选择开关 J1

3. 选择菜单栏 Options→Sheet Properties,在弹出的对话框中选取 Show All,电路中每条线路上便出现编号,以便于后来仿真。电路如图 4-75 所示。

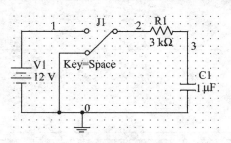

图 4-75　对电路节点编号

4. 放置示波器

双踪示波器是虚拟仪器栏中第四个。示波器有两个通道,每个通道有"＋"和"－",连接时只需使用"＋"即可,示波器默认的地是已经连接好的。观察波形图时会出现不知道哪个波形是哪个通道的,解决方法是更改连接通道的导线颜色,即右击导线,弹出如图 4-76(a)所示菜单。单击 Color Segment,可以更改导线颜色,同时示波器中波形颜色也随之改变。示波器放置好后电路如图 4-76(b)所示。

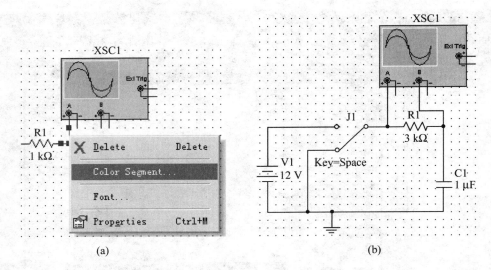

| (a) | (b) |

图 4-76　更改示波器波形颜色

5. 双击示波器图标,单击"运行"按钮,按 Space 键,来回切换开关 J1,观察电容的充放电过程,如图 4-77 所示。

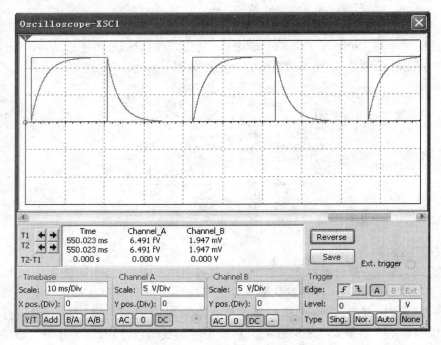

图 4-77　电容充放电波形

五、实验报告要求

1. 在电容电压波形图中读出电容电压的初始值、稳态值,并与计算的结果进行比较。

2. 按照上述实验指导完成图 4-72 所示暂态电路仿真,并保留示波器运行结果截图。

六、练习与思考

1. 电路如图 4-78 所示,开关闭合之前电路已处于稳态。求开关闭合后电容 C1 上的电压,并用 Multisim 11.0 仿真来观察电容 C1 上的电压波形。

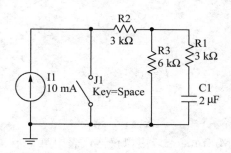

图 4-78 暂态练习(1)

2. 电路如图 4-79 所示,开关闭合之前电路已处于稳态。求开关闭合后电容 C1 上的电压,并用 Multisim 11.0 仿真来观察电容 C1 上的电压波形。

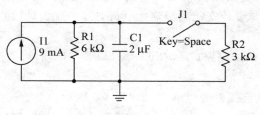

图 4-79 暂态练习(2)

实验三 交流电路分析仿真

一、实验目的

1. 掌握交流电路分析的仿真方法和步骤。
2. 学习根据已知条件,计算交流电路的参数。
3. 学习使用虚拟功率表、万用表。
4. 学习建立子电路的方法。
5. 掌握三相对称电路、三相不对称电路的分析方法。理解中性线在星形连接三相电路中的作用。

二、虚拟实验仪器及器材

功率表、万用表。

三、实验预习

1. 测定交流电路的参数常用的是三表法,即交流电压表测 U、交流电流表测 I、功率表测 P 及功率因数。然后通过下列关系计算出电路参数。

阻抗的模:

$$|Z| = \frac{U}{I}$$

等效电阻:

$$R = |Z| \cos \varphi = \frac{P}{I^2}$$

等效电抗:

$$X = |Z| \sin \varphi$$

2. 学习使用万用表(Multimeter),虚拟仪器仪表中第一个。

3. 学习使用功率表(Wattmeter),虚拟仪器仪表中第三个。

4. 学习创建子电路

子电路是由用户自己定义的一个电路(相当于一个电路模块),可存放在自定义元器件库中供电路设计时反复调用。利用子电路可使大型的、复杂系统的设计模块化、层次化,从而提高设计效率与设计文档的简洁性、可读性,实现设计的重复利用,缩短产品的开发周期。

单击 Place 菜单中的子电路(New Subcircuit)菜单选项,可以生成一个子电路。子电路的创建步骤如下:

首先在电路工作区连接好一个电路,如图 4-80 所示。

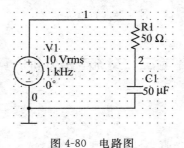

图 4-80   电路图

然后用拖框操作(按住鼠标左键,拖动)将电路选中,这时框内元器件全部选中。单击 Place →Replace by Subcircuit 菜单选项,即出现子电路对话框,如图 4-81 所示。

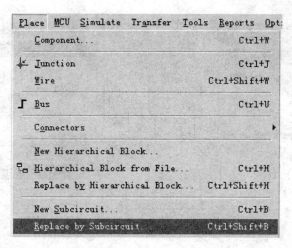

图 4-81　Place 菜单

在图 4-82 中输入电路名称如 Zx(最多为 8 个字符,包括字母与数字),单击 OK 按钮,生成一个子电路图标,如图 4-83 所示。

图 4-82　子电路命名

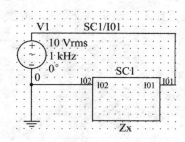

图 4-83　子电路组成的电路

单击 File→Save 选项或用快捷键 Ctrl＋S 操作,可以保存生成的子电路。单击 File→Save As 选项,可将当前子电路文件换名保存。

四、实验指导

1. 在图 4-84 中,电源 V1 与子电路 Zx 串联,请读出图中电压表、电流表和功率表的读数。

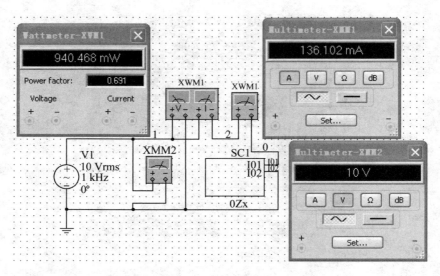

图 4-84　交流电路中各表读数

2. 图 4-85 中示波器 A 通道显示负载 Zx 的电压波形。由于电阻 R1 的阻值很小，所以 B 通道显示的是负载 Zx 的电流波形。根据图 4-85(b)判断电路性质是容性、感性还是阻性。

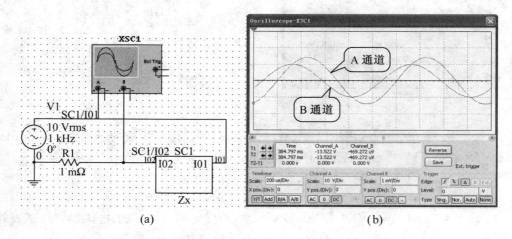

(a)　　　　　　　　　　　　　　(b)

图 4-85　判断交流电路中电压与电流的相位关系

五、实验报告要求

1. 根据以上已知条件，计算出 Zx 的参数。

2. 根据图 4-84 和图 4-85 计算出的参数，重新构建电路并仿真。保留电路运行后各仪表结果截图。

六、练习与思考

1. 根据图 4-86 中各表的读数,求参数 R、L、C,并用仿真电路实现。其中 Z 为 RL 串联电路,Zc 为电容元件。

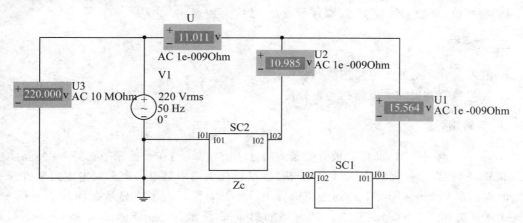

图 4-86　交流电路练习

2. 利用 Multisim 11.0 搭建星形连接三相电路,已知电源线电压为 380 V,频率为 50 Hz,负载为 100 W、220 V 的白炽灯。

(1)有中性线且负载对称,每相负载均为 3 个灯泡并联。测量中性线电流,以及各相负载电压、电流。

(2)有中性线,断开 U 相负载,V、W 相负载均为 3 个灯泡并联,测量中线电流,以及各相负载电压、电流。

(3)无中线,断开 U 相负载,V、W 相负载均为 3 个灯泡并联,测量各相负载电压、电流。

要求保留电路运行后各仪表运行结果截图。

第三节　电子技术仿真分析实验

实验一　单管共射放大电路仿真

一、实验目的

1. 学习在 Multisim 11.0 仿真软件工作平台上测试单极共射放大电路的静态工作点、电压放大倍数。

2. 通过仿真了解电路元件参数对静态工作点及放大倍数的影响。

3. 通过 Multisim 11.0 软件进一步加深对单管共射放大电路原理的理解。

4. 学习使用 IV 分析仪测试晶体三极管的伏安特性。

二、虚拟实验仪器及器材

IV 分析仪、函数信号发生器、双踪示波器、数字万用表。

三、实验预习

1. 复习单管共射放大电路的静态分析。

2. 复习单管共射放大电路的动态分析。

四、实验指导

1. 用 IV 分析仪测试晶体三极管的伏安特性。方法如下：在元件库中选择 NPN 晶体管 2N2222A，在虚拟仪器库中选择 IV 分析仪（仪器仪表库中第十一个），双击该图标打开显示面板。在 Components 下拉列表中选择 BJT NPN，面板右下方显示晶体管 b、c 和 e 的连接示意图（见图 4-89）。建立测试电路如图 4-87 所示。单击 Simulate Parameters，设定 Vce 范围为 0～15 V，Ib 范围为 0～60 μA，如图 4-88 所示。单击开关按钮，得到晶体三极管的伏安特性曲线如图 4-89 所示。曲线下方显示光标所在位置的 Ib、Vce 和 Ic。

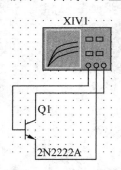

图 4-87　晶体三极管的伏安特性测试电路

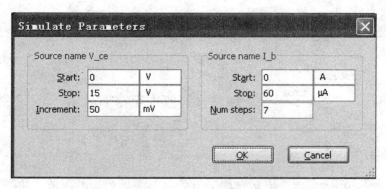

图 4-88　IV 分析仪参数设置

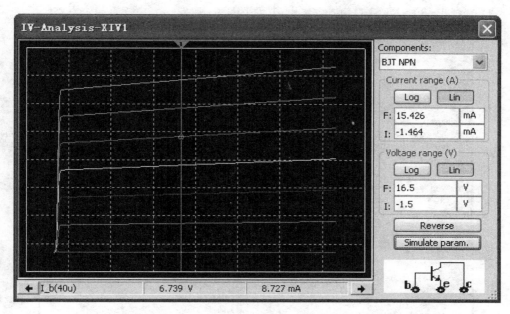

图 4-89　晶体三极管的伏安特性曲线

2. 启动 Multisim 11.0，新建文件。单击菜单栏上 Place→Component，弹出如图 4-90 所示的 Select a Component 对话框，选择 Sources 下的 VCC。修改电压值为 12 V。

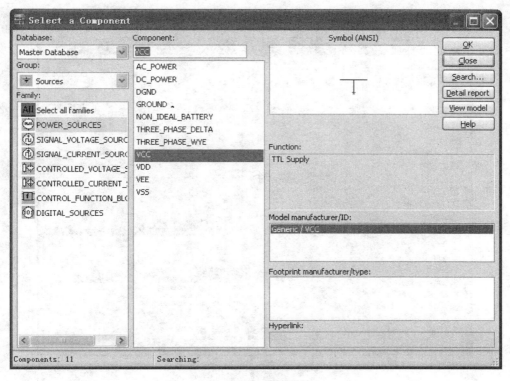

图 4-90　选择电源

3. 选择 Basic→RESISTOR 放置电阻,如图 4-91 所示。

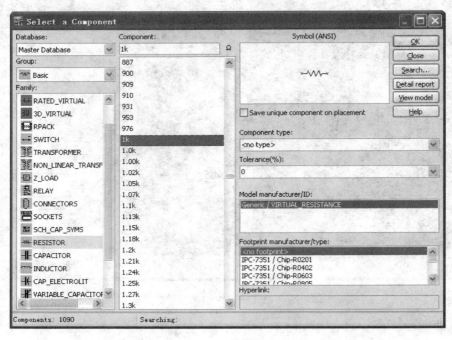

图 4-91　选择电阻

4. 同理,选择电解电容器,如图 4-92 所示。

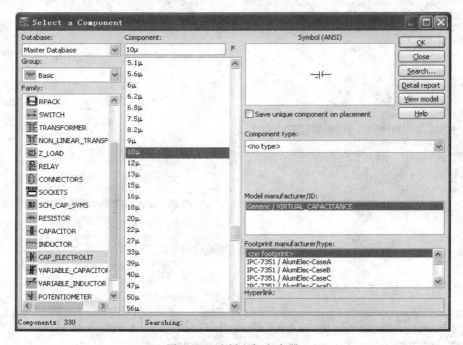

图 4-92　选择电解电容器

5. 选择可调电阻,如图 4-93 所示。

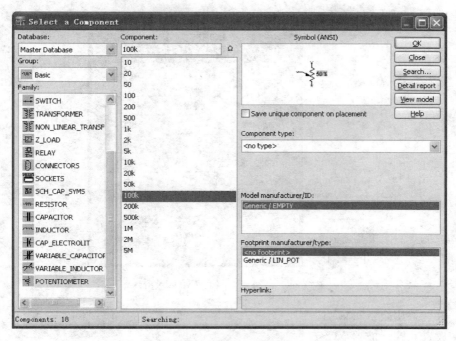

图 4-93　选择可调电阻

6. 选择晶体管 2N2222A,如图 4-94 所示。

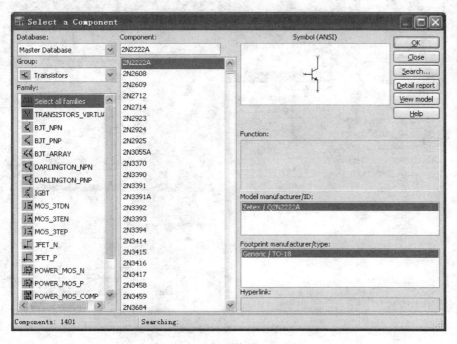

图 4-94　选择晶体管 2N2222A

7. 放置函数信号发生器 XFG1,双击打开面板,选择正弦波,频率为 1 kHz,幅值为 14 mV,如图 4-95 所示。

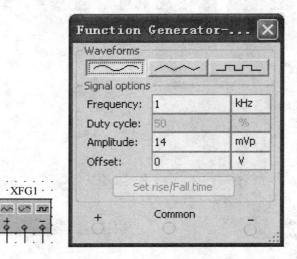

图 4-95　放置函数信号发生器 XFG1

8. 放置万用表 XMM1。

9. 放置双踪示波器 XCS1。

10. 放置接地端,如图 4-96 所示。

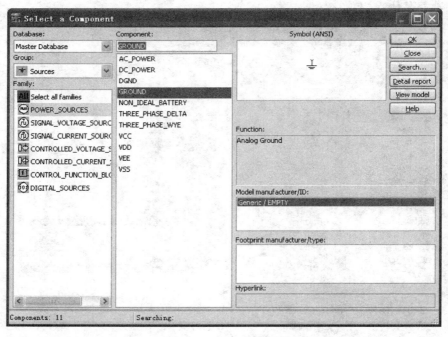

图 4-96　放置接地端

11. 调整元件管脚方向,连接完成如图 4-97 所示电路。

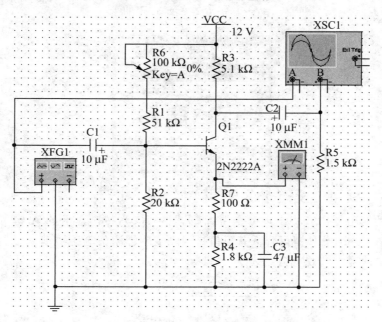

图 4-97　共发射极放大电路

12. 选择菜单栏 Options→Sheet Properties,在弹出的对话框 Net names 中选取 Show All,电路中每条线路上将出现编号(见图 4-98),便于后面仿真。

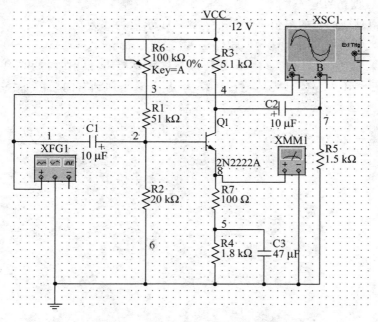

图 4-98　带编号的共发射极放大电路

13. 单击工具栏中"运行"按钮,进行数据的仿真。双击万用表 XMM1 图标,选择电压直流挡,观察晶体管 e 端对地的直流电压,如图 4-99 所示。

图 4-99　晶体管 e 端对地的直流电压

单击滑动变阻器 R6,将出现一个滑标(见图 4-100),按键盘上的 A 键可增加滑动变阻器的阻值,按 Shift＋A 键可降低其阻值。滑动变阻器阻值等于滑动变阻器的最大阻值乘上百分比。改变 R6,观察万用表 XMM1 示数。

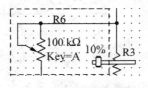

图 4-100　滑动变阻器

14. 静态数据仿真

(1)调节滑动变阻器的阻值,使万用表 XMM1 示数为 2.2 V。

(2)选择菜单栏中 Simulate→Analyses→DC Operating Point Analysis。

(3)按图 4-101 所示操作。2、4、8 分别是晶体管基极 b、集电极 c 和发射极 e。选择 Variables in circuit 中 V(2)、V(4) 和 V(8),单击 Add 添加到右侧栏,然后单击下方 Simulate 按钮。

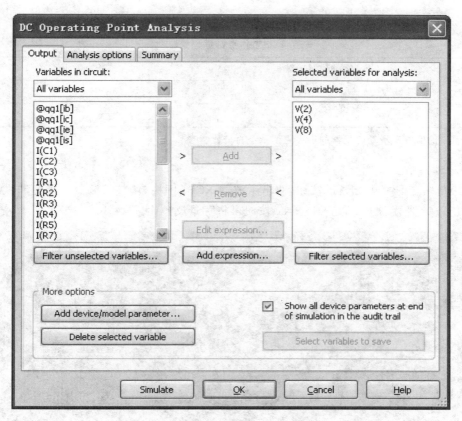

图 4-101　DC Operating Point Analysis

（4）静态工作点结果如图 4-102 所示。

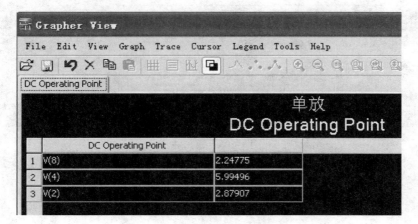

图 4-102　静态工作点结果

(5)记录数据,填入表 4-1 中。

表 4-1　　　　　　　　　　　　　　静态工作点数据记录

测试条件	仿真数据(对地数据)　单位:V			计算数据　单位:V	
R6	基极 V(2)	集电极 V(4)	发射极 V(8)	Vbe	Vce

注:R6 的值等于滑动变阻器的最大阻值乘上百分比。

15. 动态仿真

(1)单击工具栏中"运行"按钮,双击示波器 XCS1 图标,调整示波器横坐标和纵坐标,得如图 4-103 所示波形;单击 Reverse 按钮可将背景反色(见图 4-104)。

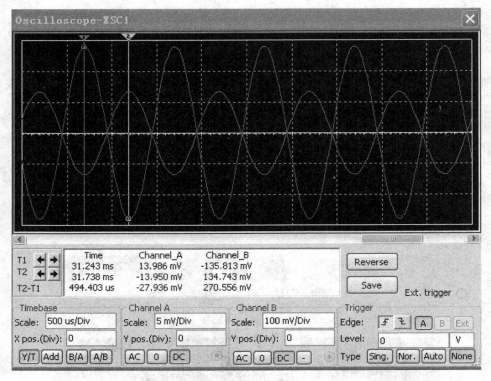

图 4-103　输出波形

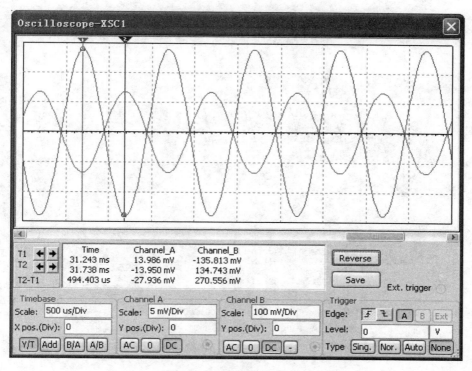

图 4-104　输出波形(反色)

(2)记录波形,并说出波形相位有何不同。

(3)单击 T1 和 T2 的箭头,移动图 4-103 所示的竖线,可以读出输入和输出的峰值。计算出此时的电压放大倍数。

(4)删除负载电阻 R5,重新连接示波器,波形如图 4-105 所示。记录输入和输出的峰值。

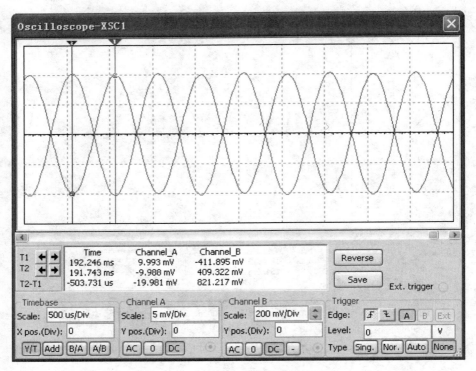

图 4-105　删除负载电阻 R5 后波形

（5）其他不变，负载电阻 R5 分别为 1.5 kΩ、5.1 kΩ 和 330 Ω 时，记录电压数据填入表 4-2 中。

表 4-2　　　　　　　　　　　　　四种情况下电压数据记录

仿真数据（注意填写单位）			计算
R5	输入电压有效值	输出电压有效值	电压放大倍数
开路			
1.5 kΩ			
5.1 kΩ			
330 Ω			

（6）其他不变，增大和减小滑动变阻器的阻值，观察输出电压的变化，并记录波形。如果效果不明显，可以适当增大输入信号。

五、实验报告要求

仿真实现图 4-98 所示共发射极放大电路。

（1）完成表 4-1 和表 4-2。

（2）保留电路运行时负载开路，负载为 1.5 kΩ、5.1 kΩ、330 Ω 四种情况下各仪表结果截图及波形截图。

（3）增大和减小滑动变阻器的阻值，观察输出电压的变化。如果效果不明显，可以适当增大输入信号，并记录波形。

实验二 集成运算放大器电路仿真

一、实验目的

1. 理解集成运算放大器线性应用电路的结构及特点。
2. 理解集成运算放大器非线性应用电路的结构及特点。
3. 学习在 Multisim 11.0 仿真软件工作平台上测试集成运算放大器组成的电路。

二、虚拟实验仪器及器材

双踪示波器、信号发生器、数字万用表。

三、实验预习

1. 复习集成运算放大器线性应用的各种运算电路（同相比例、反相比例、加法、减法、积分、微分）。复习运算放大器闭环电路的分析方法。

2. 复习集成运算放大器非线性应用的基本电路——电压比较器。复习运算放大器开环电路的分析方法。

3. 电路如图 4-106 所示，试计算集成运算放大器输出电压 Vo。

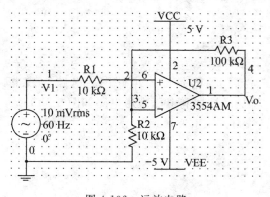

图 4-106 运放电路

四、实验指导

1. 启动 Multisim 11.0，新建文件，在仪器库中选择运算放大器 3554AM，如图 4-107 所示。

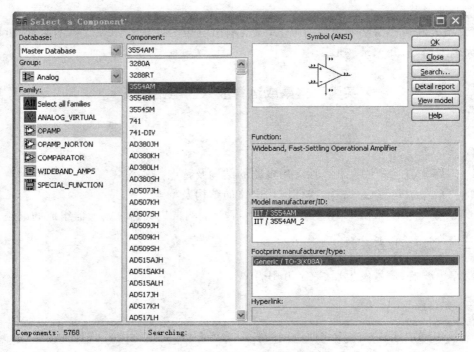

图 4-107 选择运算放大器

其中,对话框中各符号含义如下: ANALOG_VIRTUAL——模拟虚拟元件、

 OPAMP——运算放大器、 OPAMP_NORTON——诺顿运算放大器、

COMPARATOR——比较器、 WIDEBAND_AMPS——宽带运放、 SPECIAL_

FUNCTTON——特殊功能运放。

2. 按照图 4-106 选择各元件,搭建出电路图。电路为双电源供电,其中 VCC 为
+5 V,VEE 为−5 V。添加示波器和电压表后电路如图 4-108 所示。

3. 运行该电路,观察输入、输出波形。

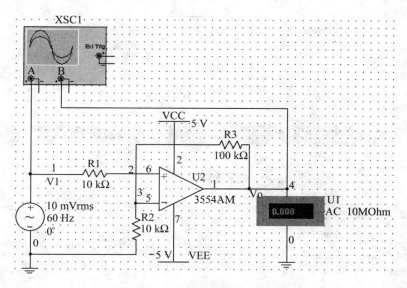

图 4-108 添加仪表后的运放电路

五、实验报告要求

1. 完成图 4-108 所示电路仿真,并保留运行结果截图。
2. 比较仿真结果与计算结果;记录输入信号和输出信号大小、相位的关系。

六、练习与思考

1. 用集成运算放大器设计如下电路,并仿真。括号中反馈电阻 R_F 为已知值。

(1) $u_o = -3u_i (R_F = 50 \ \text{k}\Omega)$

(2) $u_o = -(u_{i1} + 0.2u_{i2})(R_F = 100 \ \text{k}\Omega)$

(3) $u_o = 5u_{i1}(R_F = 20 \ \text{k}\Omega)$

(4) $u_o = 0.5u_i(R_F = 10 \ \text{k}\Omega)$

(5) $u_o = 2u_{i2} - u_{i1}(R_F = 10 \ \text{k}\Omega)$

其中运算放大器可选用图 4-109 所示虚拟运算放大器。

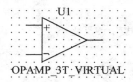

图 4-109 虚拟运算放大器

2. 电压比较器电路如图 4-110 所示。按图 4-111 选择虚拟比较器(见图 4-112)。运算放大器同相输入端接入函数发生器 XFG1,选择 5 V/1 kHz 正弦波信号,反相输入端接地。示波器的两个通道分别接输入端和输出端。观察并记录输入、输出波形。

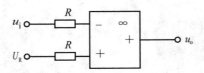

图 4-110 电压比较器

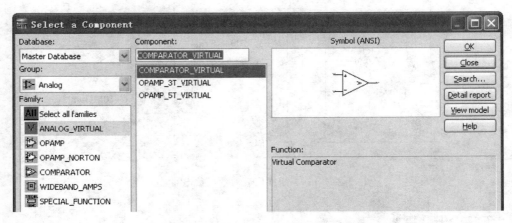

图 4-111 选择虚拟比较器

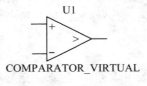

COMPARATOR_VIRTUAL

图 4-112 虚拟比较器

3. 上题中若 U_R 分别为 3 V、-3 V,画出 u_o 的波形和电压传输特性。

实验三 整流滤波电路仿真

一、实验目的

1. 理解单相半波整流电路、单相全波整流电路和单相桥式整流电路的工作原理和参数计算。

2. 了解电容滤波、LC 滤波和 π 形滤波。

3. 学习在 Multisim 11.0 仿真软件工作平台上仿真整流滤波电路。

二、虚拟实验仪器及器材

双踪示波器、电压表等。

三、实验预习

复习整流、滤波、稳压电路工作原理。

四、实验指导

按照图 4-113 所示电路进行仿真。

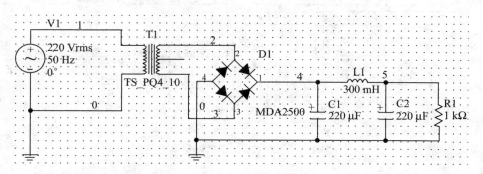

图 4-113 整流 π 形滤波电路

1. 节点 4 处断开,连接电压表,记录节点 1、2、6 处电压并比较;连接示波器,记录节点 1、6 处波形,并作出比较。电路如图 4-114 所示。

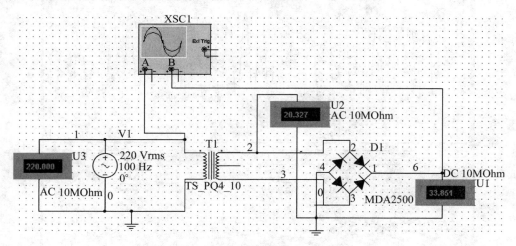

图 4-114 整流电路

2. 添加示波器，观察节点 1、5 处波形。仿真电路如图 4-115 所示。整流滤波后波形如图 4-116 所示。

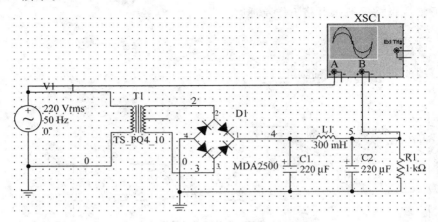

图 4-115　添加示波器后的仿真电路

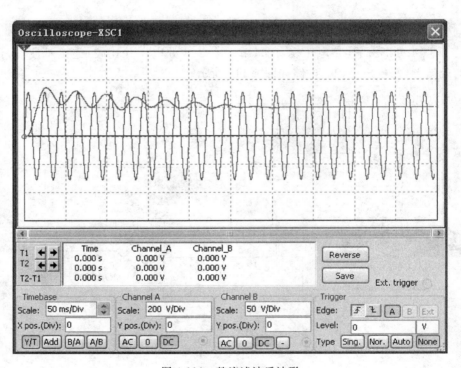

图 4-116　整流滤波后波形

五、实验报告要求

1. 分析图 4-114 中电压表 U1、U2 读数的关系。

2. 分析图 4-115 中各元器件在电路中的作用。

3. 完成图 4-114 和图 4-115 所示电路仿真，并保留运行结果截图和示波器波形截图。

六、练习与思考

分析图 4-117 所示电路,负载 R1 为 1 kΩ。用万用表直流挡测量负载上的电压值和电流值,用示波器记录输入电压、输出电压波形。

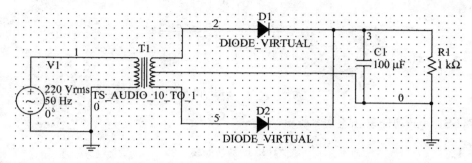

图 4-117 电路图

1. 分别记录有滤波电容 C1 和断开滤波电容 C1 两种情况下负载电阻上输出电压的波形。是全波还是半波整流?

2. 分别记录有滤波电容 C1 和断开滤波电容 C1 两种情况下二极管承受的最高反向电压。二者是否相等? 用万用表交流挡测二极管承受的电压。

3. 如果把图中 D1 和 D2 都反接,是否有整流作用? 区别是什么? 记录输出电压的波形。

实验四 译码器电路仿真

一、实验目的

1. 理解译码器工作原理、逻辑功能和使用方法。
2. 学习在 Multisim 11.0 仿真软件工作平台上仿真译码器电路。

二、虚拟实验仪器及器材

字发生器、电压表等。

三、实验预习

1. 74LS138 译码器

74LS138 为 3 线—8 线译码器,管脚图如图 4-118 所示。其工作原理如下:当 S_1 为高电平,$\overline{S_2}$ 和 $\overline{S_3}$ 为低电平时,可将地址端(A_0、A_1、A_2)的二进制编码在一个对应的输出端以低电平译出。当 S_1 为低电平时,译码器被禁止,所有的输出端被封锁在高电平。

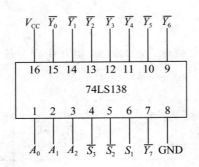

图 4-118　74LS138 管脚图

74LS138 的功能表如表 4-3 所示。

表 4-3　　　　　　　　　　　　　　　**74LS138 的功能表**

输入					输出							
S_1	$\overline{S_2}+\overline{S_3}$	A_2	A_1	A_0	$\overline{Y_0}$	$\overline{Y_1}$	$\overline{Y_2}$	$\overline{Y_3}$	$\overline{Y_4}$	$\overline{Y_5}$	$\overline{Y_6}$	$\overline{Y_7}$
0	×	×	×	×	1	1	1	1	1	1	1	1
×	1	×	×	×	1	1	1	1	1	1	1	1
1	0	0	0	0	0	1	1	1	1	1	1	1
1	0	0	0	1	1	0	1	1	1	1	1	1
1	0	0	1	0	1	1	0	1	1	1	1	1
1	0	0	1	1	1	1	1	0	1	1	1	1
1	0	1	0	0	1	1	1	1	0	1	1	1
1	0	1	0	1	1	1	1	1	1	0	1	1
1	0	1	1	0	1	1	1	1	1	1	0	1
1	0	1	1	1	1	1	1	1	1	1	1	0

用与非门组成的 3 线—8 线译码器 74LS138 的逻辑图如图 4-119 所示。

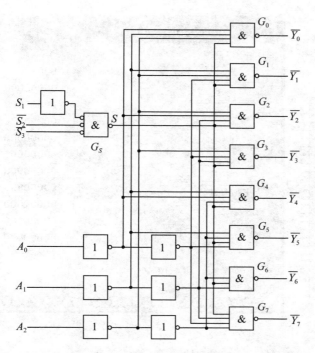

图 4-119 用与非门组成的 3 线—8 线译码器 74LS138 的逻辑图

由图 4-118 可知,当附加控制门的输出为高电平(S=1)时,可由逻辑图写出输出端表达式:

$$
\begin{cases}
\overline{Y_0} = \overline{\overline{A_2}\,\overline{A_1}\,\overline{A_0}} = \overline{m_0} \\[4pt]
\overline{Y_1} = \overline{\overline{A_2}\,\overline{A_1}\,A_0} = \overline{m_1} \\[4pt]
\overline{Y_2} = \overline{\overline{A_2}\,A_1\,\overline{A_0}} = \overline{m_2} \\[4pt]
\overline{Y_3} = \overline{\overline{A_2}\,A_1\,A_0} = \overline{m_3} \\[4pt]
\overline{Y_4} = \overline{A_2\,\overline{A_1}\,\overline{A_0}} = \overline{m_4} \\[4pt]
\overline{Y_5} = \overline{A_2\,\overline{A_1}\,A_0} = \overline{m_5} \\[4pt]
\overline{Y_6} = \overline{A_2\,A_1\,\overline{A_0}} = \overline{m_6} \\[4pt]
\overline{Y_7} = \overline{A_2\,A_1\,A_0} = \overline{m_7}
\end{cases}
$$

由上式可以看出,这是三个变量的全部最小项的译码输出,所以也把这种译码器叫作最小项译码器。

2. 字信号发生器(Word Generator)

字信号发生器是能产生 16 路(位)同步逻辑信号的一个多路逻辑信号源,用于对数字逻辑电路进行测试。

双击字信号发生器图标[见图 4-120(a)],放大的字信号发生器如图 4-120(b)所示。

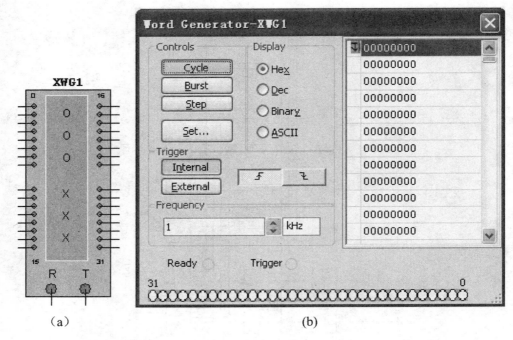

图 4-120　字信号发生器

（1）字信号的输入。在字信号编辑区，32 位的字信号以 8 位十六进制数编辑和存放，可以存放 1024 条字信号，地址编号为 0000～03FF。

字信号的输入操作：将光标指针移至字信号编辑区的某一位，单击，由键盘输入如二进制数码的字信号，光标自左至右、自上至下移位，可连续地输入字信号。

在字信号显示（Display）编辑区可以编辑或显示与字信号格式有关的信息。字信号发生器被激活后，字信号按照一定的规律逐行从底部的输出端送出，同时在面板的底部对应于各输出端的小圆圈内，实时显示输出字信号各个位的值。

（2）字信号的输出方式。字信号的输出方式分为 Step（单步）、Burst（单帧）、Cycle（循环）三种。单击一次 Step 按钮，字信号输出一条。这种方式可用于对电路进行单步调试。单击 Burst 按钮，则从首地址开始至本地址连续逐条地输出字信号。单击 Cycle 按钮，则循环不断地进行 Burst 方式的输出。Burst 和 Cycle 情况下的输出节奏由输出频率的设置决定。以 Burst 方式输出时，当运行至该地址时输出暂停。再单击 Pause 按钮，则恢复输出。

（3）字信号的触发方式。字信号的触发分为 Internal（内部）和 External（外部）两种触发方式。当选择 Internal（内部）触发方式时，字信号的输出直接由"输出方式"按钮（Step、Burst、Cycle）启动。当选择 External（外部）触发方式时，则需接入外触发脉冲，并定义"上升沿触发"或"下降沿触发"。然后单击"输出方式"按钮，待触发脉冲到来时才启动输出。此外，在数据准备好输出端还可以得到与输出字信号同步的时钟脉冲输出。

（4）字信号的存盘、重用、清除等操作。单击 Set 按钮，弹出 Pre-setting Patterns 对话框，对话框中的 Clear buffer（清字信号编辑区）、Open（打开字信号文件）、Save（保存字信号文件)三个选项用于对编辑区的字信号进行相应的操作。字信号存盘文件的后缀为".DP"。对话框中的 UP Counter(按递增编码)、Down Counter(按递减编码)、Shift Right(按右移编码)、Shift Left(按左移编码)四个选项用于生成按一定规律排列的字信号。例如,如果选择 UP Counter(按递增编码),则按 0000~03FF 排列;如果选择 Shift Right(按右移编码),则按 8000、4000、2000 等逐步右移一位的规律排列;其余类推。

四、实验指导

译码器电路如图 4-121 所示。字信号发生器的设置范围为 0~7(见图 4-121),与之对应,灯 X1~X7 按顺序循环点亮。

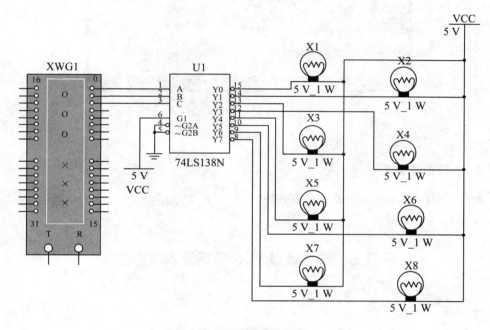

图 4-121　译码器电路

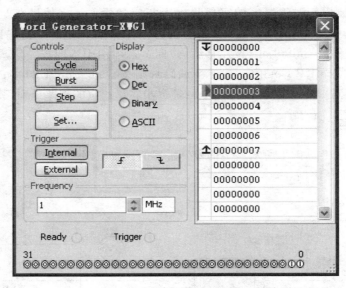

图 4-122　字信号发生器的设置

五、实验报告要求

1. 完成图 4-121 所示电路的仿真,并保留运行结果截图。
2. 总结亮灯规律。

实验五　集成计数器、译码器显示电路仿真

一、实验目的

1. 掌握二进制计数器的工作原理。
2. 熟悉计数器、译码器和显示器的使用方法。
3. 熟悉中规模集成计数器及译码器的逻辑功能和使用方法。

二、虚拟实验仪器及器材

1. 虚拟仪器

时钟电压源、数码管、逻辑分析仪(Logic Analyzer)、测量探针(Measurement Probe)。

2. 虚拟元件

74LS290 二—五—十进制计数器、74LS47 七段显示译码器等。

三、实验预习

1. 复习 74LS290 型计数器的功能表和引脚排列图。
2. 试用 74LS290 型计数器接成十进制计数器。

3. 74LS47 的引脚图及功能表

中规模集成电路 74LS47 是一种常用的七段显示译码器,其引脚图如图 4-123 所示。该电路的输出为低电平有效,即输出为 0 时,对应字段点亮;输出为 1 时,对应字段熄灭。该译码器能够驱动七段显示器显示 $0\sim15$ 共 16 个数字的字形。输入 A_3、A_2、A_1 和 A_0 接收 4 位二进制码,输出 Q_a、Q_b、Q_c、Q_d、Q_e、Q_f 和 Q_g 分别驱动七段显示器的 a、b、c、d、e、f 和 g 段。

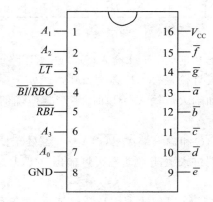

图 4-123　74LS47 的引脚图

74LS47 七段译码器的功能表如表 4-4 所示。

表 4-4　　　　　　　　74LS47 七段译码器的功能表

十进制数/功能	输入							输出						
	LT	$\overline{RBI}$	$\overline{A_3}$	$\overline{A_2}$	$\overline{A_1}$	$\overline{A_0}$	$BI/\overline{RBO}$	$\overline{a}$	$\overline{b}$	$\overline{c}$	$\overline{d}$	$\overline{e}$	$\overline{f}$	$\overline{g}$
0	H	H	L	L	L	L	H	L	L	L	L	L	L	H
1	H	×	L	L	L	H	H	H	L	L	H	H	H	H
2	H	×	L	L	H	L	H	L	L	H	L	L	H	L
3	H	×	L	L	H	H	H	L	L	L	L	H	H	L
4	H	×	L	H	L	L	H	H	L	L	H	H	L	L
5	H	×	L	H	L	H	H	L	H	L	L	H	L	L
6	H	×	L	H	H	L	H	H	H	L	L	L	L	L
7	H	×	L	H	H	H	H	L	L	L	H	H	H	H
8	H	×	H	L	L	L	H	L	L	L	L	L	L	L
9	H	×	H	L	L	H	H	L	L	L	H	H	L	L
10	H	×	H	L	H	L	H	H	H	H	L	L	H	L
11	H	×	H	L	H	H	H	H	H	L	L	H	H	L
12	H	×	H	H	L	L	H	H	L	H	H	L	L	L
13	H	×	H	H	L	H	H	L	H	H	L	H	L	L
14	H	×	H	H	H	L	H	H	H	H	L	L	L	L

续表

十进制数/功能	输入							输出						
	$\overline{LT}$	$\overline{RBI}$	$\overline{A_3}$	$\overline{A_2}$	$\overline{A_1}$	$\overline{A_0}$	$BI/\overline{RBO}$	$\overline{a}$	$\overline{b}$	$\overline{c}$	$\overline{d}$	$\overline{e}$	$\overline{f}$	$\overline{g}$
15	H	×	H	H	H	H	H	H	H	H	H	H	H	H
$\overline{BI}$	×	×	×	×	×	×	L	H	H	H	H	H	H	H
$\overline{RBI}$	H	L	L	L	L	L	L	H	H	H	H	H	H	H
$\overline{LT}$	L	×	×	×	×	×	H	L	L	L	L	L	L	L

注：H＝高电平，L＝低电平，×＝不定。

（1）当需要 0～15 的输出功能时，灭灯输入（$\overline{BI}$）必须开路或保持在高逻辑电平。若不要灭掉十进制零，则动态灭灯输入（$\overline{RBI}$）必须为开路或处于高逻辑电平。

（2）当低逻辑电平直接加到灭灯输入（$\overline{BI}$）时，不管其他任何输入端的电平如何，所有段的输出端都关死。

（3）当动态灭灯输入（$\overline{RBI}$）和输入端 $\overline{A_3}$、$\overline{A_2}$、$\overline{A_1}$、$\overline{A_0}$ 都处于低电平而试灯输入（$\overline{LT}$）为高电平时，则所有段的输出端进入关闭且动态灭灯输出（$\overline{RBO}$）处于低电平（响应条件）。

（4）当灭灯输入/动态灭灯输出（$BI/\overline{RBO}$）开路或保持在高电平，且将低电平加到试灯输入（$\overline{LT}$）时，所有段的输出端都得打开。

其中 $BI/\overline{RBO}$ 是用作灭灯输入（$\overline{BI}$）与动态灭灯输出（$\overline{RBO}$）的线与逻辑。

4. 测量探针（Measurement Probe）

测量探针（见图 4-124）在虚拟仪表栏下方，可测量不同节点的电压、电流、频率等参数。

图 4-124　测量探针

四、实验指导

1. 时钟电压源（见图 4-125）实质上是一个频率、占空比及幅度皆可调的方波发生器。双击时钟电压源图标得到图 4-127 所示对话框，可更改参数。图 4-126 为时钟电压源波形。

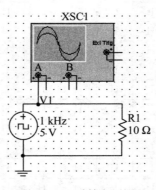

图 4-125　时钟电压源

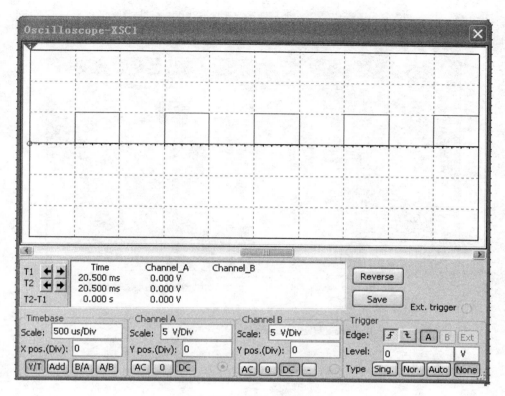

图 4-126 时钟电压源波形

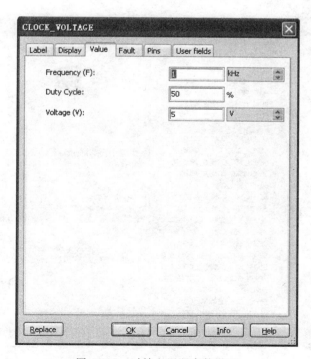

图 4-127 时钟电压源参数设置

2．在 Place/Component/TTL 下 选 择 74LS290N（见 图 4-128）、74LS47N。74LS290N 接成十进制计数器，如图 4-130 所示。

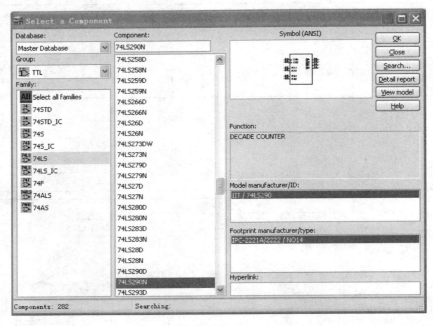

图 4-128　　选择 74LS290N

3. 同理，选择七段 LED 数码管（见图 4-129）。

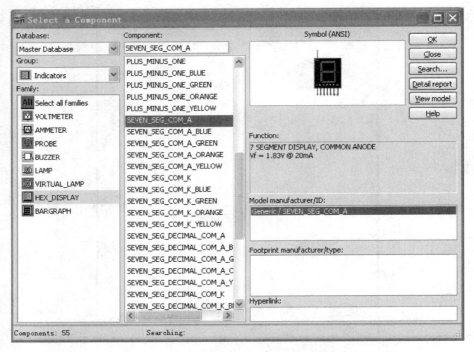

图 4-129　　选择七段 LED 数码管

4. 限流电阻 R1 的选择:本电路中 LED 数码管中每个 LED 灯的开启电压为 $1.8\sim$ 2 V(后面计算时选 2 V),导通电流为 5 mA。以最低电流 5 mA 来算,要保证流过 R1 的电流至少是 5×7 mA＝35 mA 才能使数码管显示正常(即 7 个 LED 灯都亮显示"8"时)。而 74LS47 是输出低电平有效,显示"8"时可以把 OA～OG 端看成接地,所以 R1 两端的电压为 $(5-2)$V＝3 V。为了保证流过 R1 的电流不低于 35 mA,则 $R1\leqslant\dfrac{3\ \text{V}}{35\ \text{mA}}\approx85\ \Omega$,即只要保证 R1 小于 85 Ω 就可以了。

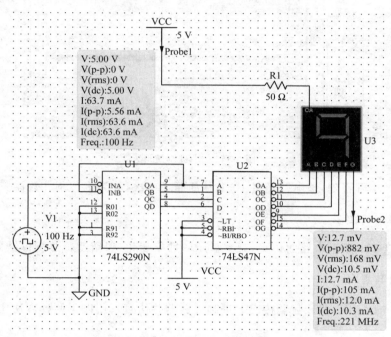

图 4-130　由 74LS290N 组成的十进制电路

5. 用数字电路用逻辑分析仪(Logic Analyzer)观察 74LS290N 输出端的数字波形,如图 4-131 所示。

逻辑分析仪用于对数字逻辑信号的高速采集和时序分析,可以同步记录和显示 16 路数字信号。

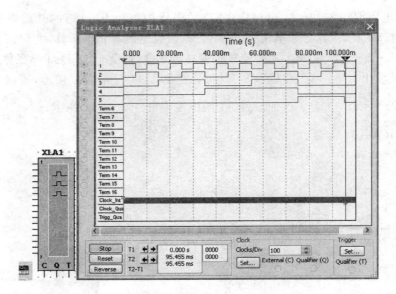

图 4-131　十进制波形

由图 4-131 可看到，该电路经过 10 个脉冲循环一次，故为十进制计数器。

五、实验报告要求

完成图 4-130 所示电路的仿真，观察显示的数字变化，保留逻辑分析仪结果截图。

六、练习与思考

1. 试用 74LS290 型计数器接成七进制计数器并仿真。用以下两种方法实现：置 9 法和清零法。

2. 试用 74LS161 同步二进制计数器接成十二进制计数器并仿真。用以下两种方法实现：清零法和置数法。

3. 试用两片 74LS290 型计数器接成二十四进制计数器并仿真。

第五章　综合性实验

实验一　函数信号发生器的组装与调试

一、实验目的

1. 了解单片多功能集成电路函数信号发生器的功能及特点。
2. 进一步掌握波形参数的测试方法。

二、预习要求

1. 查阅有关 ICL8038 单片集成函数信号发生器的资料,熟悉其管脚的排列及功能。
2. 如果改变了方波的占空比,此时三角波和正弦波输出端将会变成怎样的一个波形?

三、实验原理

1. ICL8038 的工作原理

ICL8038 是单片集成函数信号发生器,其内部框图如图 5-1 所示。它由恒流源 I_1 和 I_2、电压比较器 A 和 B、触发器、缓冲器和三角波变正弦波电路等组成。

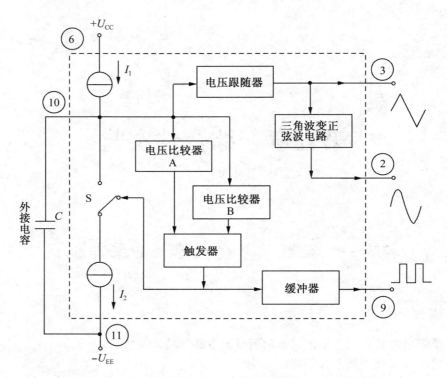

图 5-1 ICL8038 的原理框图

图中 C 为外接电容器,电压比较器 A、B 的阈值分别为电源电压(指 $U_{CC} + U_{EE}$)的 2/3 和 1/3。恒流源 I_1 和 I_2 的大小可通过外接电阻调节,且满足 $I_2 > I_1$。当触发器的输出为低电平时,恒流源 I_2 断开,恒流源 I_1 给 C 充电,它的两端电压 u_C 随时间按线性规律上升。当 u_C 达到电源电压的 2/3 时,电压比较器 A 的输出电压发生跳变,使触发器的输出由低电平变为高电平,恒流源 I_2 接通。由于 $I_2 > I_1$(设 $I_2 = 2I_1$),恒流源 I_2 将电流 $2I_1$ 加到 C 上反充电,相当于 C 由一个净电流 I 放电,C 两端的电压 u_C 又转为直线下降。当它下降到电源电压的 1/3 时,电压比较器 B 的输出电压发生跳变,使触发器的输出由高电平跳变为原来的低电平,恒流源 I_2 断开,I_1 再给 C 充电……如此周而复始,产生振荡。若调整电路,使 $I_2 = 2I_1$,则触发器的输出为方波,经反相缓冲器由管脚⑨输出方波信号。C 上电压 u_C 的上升与下降时间相等,为三角波,经电压跟随器由管脚③输出三角波信号。将三角波变成正弦波要经过一个非线性的变换电路(正弦波变换器)才能实现,在这个非线性电路中,当三角波电位向两端顶点摆动时,电路提供的交流通路阻抗会减小,这样就使三角波的两端变为平滑的正弦波,从管脚②输出。

2. ICL8038 的管脚图

ICL8038 的管脚图如图 5-2 所示。

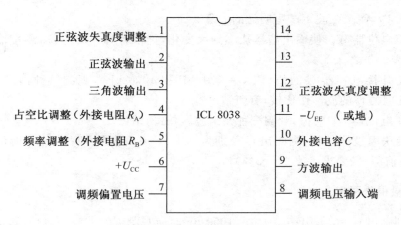

图 5-2　ICL8038 的管脚图

芯片电源供电电压：单电源为 10～30 V；双电源为±5～±15 V。

3. ICL8038 的实验电路图

ICL8038 的实验电路如图 5-3 所示。

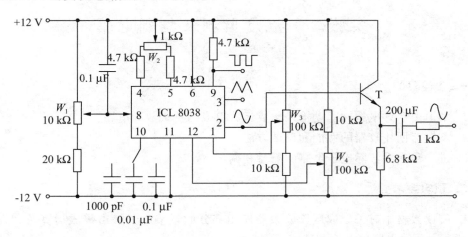

图 5-3　ICL8038 的实验电路

四、仪器设备

　　±12 V 直流电源，双踪示波器，频率计，直流电压表，ICL8038 单片集成函数发生器，晶体三极管 3DG12×1(9013)，电位器、电阻器、电容器等，面包板。

五、实验内容

　　1. 按图 5-3 所示的电路图组装电路，取 $C=0.01$ μF，W_1、W_2、W_3、W_4 均置中间位置。

　　2. 调整电路，使其处于振荡状态，产生方波，通过调整电位器 W_2 使方波的占空比达到 50%。

　　3. 保持方波的占空比为 50%不变，用示波器观测 ICL8038 正弦波输出端的波形，反

复调整 W_3、W_4，使正弦波不产生明显的失真。

4. 调节电位器 W_1，使输出信号从小到大变化，记录管脚 8 的电位，测量输出正弦波的频率，列表记录之。

5. 改变外接电容器 C 的值（取 $C=0.1\ \mu F$ 和 1000 pF），观测三种输出波形，并与 $C=0.01\ \mu F$ 时测得的波形作比较，有何结论？

6. 改变电位器 W_2 的值，观测三种输出波形，有何结论？

7. 如有失真度测试仪，则测出 C 分别为 $0.1\ \mu F$、$0.01\ \mu F$ 和 1000 pF 时的正弦波失真系数 r 的值（一般要求该值小于 3%）。

六、实验报告要求

1. 分别画出 $C=0.1\ \mu F$、$0.01\ \mu F$、1000 pF 时所观测到的方波、三角波和正弦波的波形图。从中可得出什么结论？

2. 列表整理 C 取不同值时三种波形的频率和幅值。

3. 写出组装、调整函数信号发生器的心得、体会。

实验二　温度监测及控制电路

一、实验目的

1. 学习由双臂电桥和差动输入集成运放组成的桥式放大电路。
2. 掌握滞回比较器的性能和调试方法。
3. 进一步熟悉实际电子电路的测量和调试。

二、预习要求

1. 阅读教材中有关集成运算放大器应用部分的章节。了解由集成运算放大器构成的差动放大器等电路的性能和特点。

2. 根据实验任务，拟出实验步骤及测试内容，画出数据记录表格。

3. 依照实验线路板上集成运放插座的位置，从左到右安排前后各级电路。画出元件排列及布线图。元件排列既要紧凑，又不能相碰，以便缩短连线，防止引入干扰。同时，又要便于实验测试。

4. 思考并回答下列问题：

(1) 如果放大器不进行调零，将会引起什么后果？

(2) 如何设定温度检测控制点？

三、实验原理

实验电路如图 5-4 所示，主要由测温电桥、测量放大电路及滞回比较器等环节构成。滞回比较器的输出信号经三极管放大后控制加热器的“加热”与“停止”。改变滞回比较器

的比较电压 u_R 即可改变控温的范围,而控温的精度则由滞回比较器的滞回宽度确定。

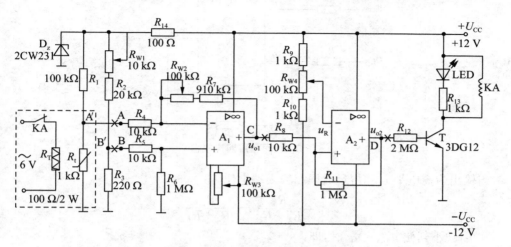

图 5-4　温度监测及控制实验电路

1. 测温电桥

测温电桥由 R_1、R_2、R_3、R_{w1} 及 R_t 组成。其中,R_t 是温度传感器,具有负温度系数;稳压管 D_z 稳定 R_t 的工作电流,从而稳定其温度系数。调节 R_{w1} 可使测温电桥达到平衡。

2. 差动放大电路

由 A_1 及外围电路组成的差动放大电路,将测温电桥输出电压 $\Delta u = u_B - u_A$ 按比例放大,图中 R_{w3} 用于差动放大器调零。放大电路的输出电压为:

$$u_{o1} = -(\frac{R_7 + R_{w2}}{R_4})u_A + (\frac{R_4 + R_7 + R_{w2}}{R_4})(\frac{R_6}{R_5 + R_6})u_B$$

当 $R_4 = R_5$,$R_7 + R_{w2} = R_6$ 时,输出电压为:

$$u_{o1} = \frac{R_7 + R_{w2}}{R_4}(u_B - u_A)$$

可见,差动放大电路的输出电压 u_{o1} 仅取决于两个输入电压之差和外部电阻的比值。

3. 滞回比较器

差动放大器的输出电压 u_{o1} 输入由 A_2 组成的滞回比较器。

滞回比较器的单元电路如图 5-5 所示,设比较器输出高电平为 u_{oH},输出低电平为 u_{oL},参考电压 u_R 加在反相输入端。

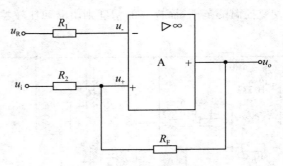

图 5-5　同相滞回比较器

当输出为高电平 u_{oH} 时,运放同相输入端电位为:

$$u_{+H} = \frac{R_F}{R_2 + R_F} u_i + \frac{R_2}{R_2 + R_F} u_{oH}$$

当 u_i 减小到使 $u_{+H} = u_R$ 时,即:

$$u_i = u_{TL} = \frac{R_2 + R_F}{R_F} u_R - \frac{R_2}{R_F} u_{oH}$$

此后,u_i 稍有减小,输出就从高电平跳变为低电平。

当输出为低电平 u_{oL} 时,运放同相输入端电位为:

$$u_{+L} = \frac{R_F}{R_2 + R_F} u_i + \frac{R_2}{R_2 + R_F} u_{oL}$$

当 u_i 增大到使 $u_{+L} = U_R$ 时,即:

$$u_i = u_{TH} = \frac{R_2 + R_F}{R_F} u_R - \frac{R_2}{R_F} u_{oL}$$

此后,u_i 稍有增加,输出又从低电平跳变为高电平。

因此,u_{TL} 和 u_{TH} 为输出电平跳变时对应的输入电平,常称 u_{TL} 为下门限电平,u_{TH} 为上门限电平,而两者的差值

$$\Delta u_T = u_{TH} - u_{TL} = \frac{R_2}{R_F}(u_{oH} - u_{oL})$$

称为门限宽度,它们的大小可通过调节 R_2/R_F 的比值来调节。

图 5-6 为滞回比较器的电压传输特性。

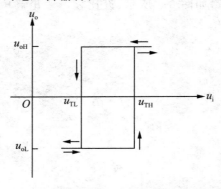

图 5-6　滞回比较器的电压传输特性

电路中，当 $u_i > u_{TH}$ 时，A_2 输出正饱和电压，三极管 T 饱和导通，发光二极管 LED 发光，负载的工作状态为"加热"；当 $u_i < u_{TL}$ 时，A_2 输出负饱和电压，三极管 T 截止，LED 熄灭，负载的工作状态为"停止"。调节 R_{W4} 可改变参考电平，同时也可调节上下门限电平，从而达到设定温度的目的。

四、仪器设备

±12 V 直流电源、函数信号发生器、双踪示波器、热敏电阻（NTC）、运算放大器 μA741×2、晶体三极管 3DG12、稳压管 2CW231、发光管 LED、面包板。

五、实验内容

按图 5-4 连接实验电路，各级之间暂不连通，形成各级单元电路，以便分别对各单元进行调试。

1. 差动放大电路

差动放大电路如图 5-7 所示，它可实现差动比例运算。

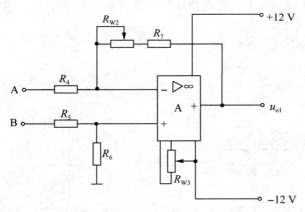

图 5-7　差动放大电路

（1）运放调零。将 A、B 两端对地短路，调节 R_{W3} 使 $u_o = 0$。

（2）去掉 A、B 端对地短路线。从 A、B 端分别加入两个不同的直流电平。当电路中 $R_7 + R_{W2} = R_6$，$R_4 = R_5$ 时，其输出电压为：

$$u_o = \frac{R_7 + R_{W2}}{R_4}(u_B - u_A)$$

在测试时，要注意加入的输入电压不能太大，以免放大器的输出进入饱和区。

（3）将 B 点对地短路，把频率为 100 Hz、有效值为 10 mV 的正弦波加入 A 点。用示波器观察输出波形。在输出波形不失真的情况下，用交流毫伏表测出 u_i 和 u_o 的电压，计算此差动放大电路的电压放大倍数 A。

2. 桥式测温放大电路

将差动放大电路的 A、B 端与测温电桥的 A′、B′ 端相连，构成一个桥式测温放大电路。

（1）在室温下使电桥平衡。在室温条件下,调节 R_{W1},使差动放大电路输出的 $u_{o1}=0$（注意:前面实验中调好的 R_{W3} 不能再动）。

（2）温度系数 $K(V/℃)$。由于测温需升温槽,为使实验简易,可虚设室温及输出电压 u_{o1},温度系数 K 也定为一个常数。具体参数由读者自行填入表 5-1 内。

表 5-1　　　　　　　　　　　　　　**参数记录**

温度 $T(℃)$	室温				
输出电压 $u_{o1}(V)$	0				

从表 5-1 中可得到 $K=\Delta U/\Delta T$。

（3）桥式测温放大器的温度—电压关系曲线。根据前面测温放大器的温度系数 K,可画出测温放大器的温度—电压关系曲线,实验时要标注相关的温度和电压的值,如图 5-8 所示。从图中可求得在其他温度时,放大器实际应输出的电压值;也可求得在当前室温下,u_{o1} 实际对应值 u_s。

（4）重调 R_{W1},使测温放大器在当前室温下输出 u_s。即调节 R_{W1},使 $u_{o1}=u_s$。

3. 滞回比较器

滞回比较器电路如图 5-9 所示。

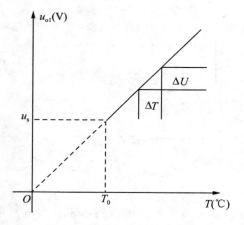

图 5-8　温度—电压关系曲线

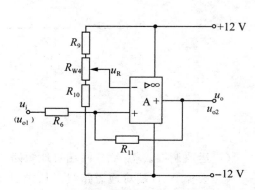

图 5-9　滞回比较器电路

（1）直流法测试比较器的上、下门限电平。首先确定参考电压 u_R 的值。调节 R_{W4},使 $u_R=2$ V。然后将可变的直流电压 u_i 加入比较器的输入端。比较器的输出电压 u_o 送入示波器的 Y 轴输入端(将示波器的"输入耦合方式开关"置于"DC",X 轴"扫描触发方式开关"置于"自动")。改变直流输入电压 u_i 的大小,从示波器屏幕上观察到当 u_o 跳变时所对应的 u_i 值,即为上、下门限电平。

（2）交流法测试电压传输特性曲线。将频率为 100 Hz、幅度为 3 V 的正弦信号加入比较器输入端,同时送入示波器的 X 轴输入端,作为 X 轴扫描信号。比较器的输出信号送入示波器的 Y 轴输入端。微调正弦信号的大小,可从示波器显示屏上看到完整的电压传输特性曲线。

4. 温度监测控制电路整机工作状况

(1)按图 5-4 连接各级电路。(注意:可调元件 R_{W1}、R_{W2}、R_{W3} 不能随意变动。如有变动,前面内容必须重新进行)

(2)根据所需监测报警或控制的温度 T,从测温放大器温度—电压关系曲线中确定对应的 u_{o1} 值。

(3)令 $u_{o1}=u_{TH}$,计算出相应的 u'_R,调节 R_{W4},使参考电压 $u_R=u'_R$。

(4)用加热器升温,观察温升情况,直至报警电路动作报警(在实验电路中,以 LED 发光作为报警),记下动作时对应的温度值 T_1 和 u_{o11} 的值。

(5)用自然降温法使热敏电阻降温,记下电路监测控制解除时所对应的温度值 T_2 和 u_{o12} 的值。

(6)改变控制温度 T,重做(2)(3)(4)(5)的内容。把测试结果记入表 5-2 中。

根据 T_1 和 T_2 的值,可得到监测灵敏度 $S_T=(T_2-T_1)/T$。

注:实验中的加热装置可用一个 100 Ω/2 W 的电阻 R_T 模拟,将此电阻靠近 R_t 即可。

表 5-2　　　　　　　　　　　　　　　数据记录

	设定温度 T(℃)								
设定电压	从曲线上查得 u_{o1}								
	u_R								
动作温度	T_1(℃)								
	T_2(℃)								
动作电压	u_{o11}(V)								
	u_{o12}(V)								

六、实验报告要求

1. 整理实验数据,画出有关曲线、数据表格以及实验线路。

2. 用方格纸画出测温放大电路温度系数曲线及比较器电压传输特性曲线。

3. 写出实验中的故障排除情况及体会。

附　录

附录一　电工技术实验台简介

电工实验台应能完成"电路"、"电工技术"、"电路分析基础"等课程的实验教学,并能作为创新性、设计性、开放性实验教学的平台。

一、实验台布局图

实验台布局如附图 1-1 所示。

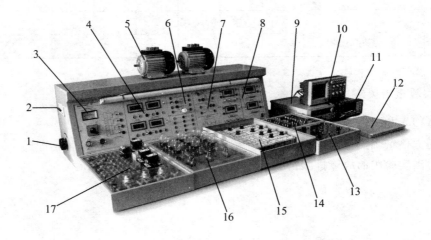

附图 1-1　实验台布局

图中各编号的含义如下:

1——三相调压器调节手柄。

2——实验台三相总开关。

3——电源控制模块,提供 0～430 V 连续可调三相交流电源,同时可得到 0～250 V

单相可调电源(配有一台 1.5 kVA 的三相自耦调压器),配有一只指针式交流电压表,通过开关切换,可在电压表上指示三相电网电压和三相调压器的输出电压,并有断相指示。当电源短路或电流超过 3 A 时,能自动跳闸报警,电源的短路、过流采用电子线路和保险丝双重保护。

  4——交流电表模块。

  5——三相电动机。

  6——日光灯模块。

  7——变压器、互感器、电度表实验模块。

  8——直流电源、直流电表模块。

  9——数字合成信号发生器。

  10——数字存储示波器。

  11——数字交流毫伏表。

  12——直流实验九孔板。

  13——四位可调电阻箱。

  14——元件箱。

  15——弱电元件箱。

  16——单、三相电路箱。

  17——继电接触控制实验箱。

二、技术性能说明

1. 技术条件

整机容量:1.5 kVA

尺寸:2.0 m×0.75 m×1.1 m

质量:300 kg

工作电源:三相交流电源/380 V/50 Hz/3 A

2. 技术性能

(1)实验装置的人身安全保护功能。

①三相隔离变压器的浮地保护。将实验用电与电网完全隔离,对人身安全起到有效的保护作用。

②设有电流型漏电保护器,符合国家对低压电器安全的要求。

③三相隔离变压器的输出端设有电压型漏电保护。

④强、弱电实验导线采用两种不同的实验导线:强电部分采用全塑封闭型安全实验导线,弱电部分采用金属裸露型实验导线。这不仅可避免学生双手带电操作触电的可能,也可防止学生将强电插入弱电而使之损坏的可能。

(2)实验装置。

①实验控制台(见附图 1-2)。

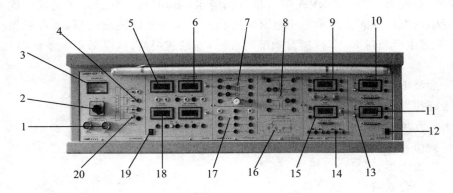

附图 1-2　实验控制台

图中各编号的含义如下：

1——启动按钮。

2——线电压指示转换开关。

3——线电压指示仪表。

4——三相电压输出端。

5——交流数字电压表，精度为 0.5 级，测量范围为 $0\sim500$ V。

6——功率表、功率因数表，精度为 1.0 级，测量范围为 $0\sim500$ V，$0\sim5$ A。

7——日光灯、整流器、启辉器接线端子。

8——互感器、变压器接线端子。

9——双路 $0\sim30$ V 可调恒压源，调节范围：$0\sim30$ V 连续可调；最大输出电流：0.5 A；电压稳定度小于 3%，纹波电压小于 1 mV，调节精度为 1%；带三位半数显监示，通过开关切换可显示 $0\sim30$ V 电压输出，具有短路保护和自动恢复功能。

10——数字直流电压表，精度为 0.5 级，测量范围为 $0\sim300$ V；量程分 200 mV、2 V、20 V、200 V 四挡，直键开关切换，并具有超量程保护功能。

11——数字直流电流表，精度为 0.5 级，测量范围为 $0\sim2$ A；量程分 2 mA、20 mA、200 mA、2 A 四挡，直键开关切换，并具有超量程保护功能。

12——直流电源电表开关。

13——直流电表过量程复位按钮。

14——±5 V/0.5 A，±12 V/0.5 A 稳压电源。

15——$0\sim200$ mA 可调恒流源，有开路保护功能；带三位半数显监示。

16——电度表放置区。

17——电流表接入插孔。

18——数字直流电流表，精度为 0.5 级，测量范围为 $0\sim5$ A。

19——交流电表开关。

20——交流电源过流复位按钮。

②实验单元。弱电元件箱如附图 1-3 所示。

附图 1-3　弱电元件箱

九孔板如附图 1-4 所示,线段连接点相通,形成一个节点。

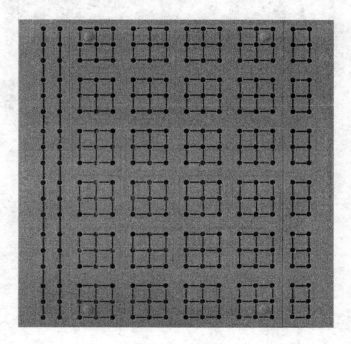

附图 1-4　九孔板

四位可调电阻器如附图 1-5 所示,调节范围为 0～9999 Ω。

附图 1-5　四位可调电阻器

元件箱如附图 1-6 所示，一阶电路、二阶电路实验箱。

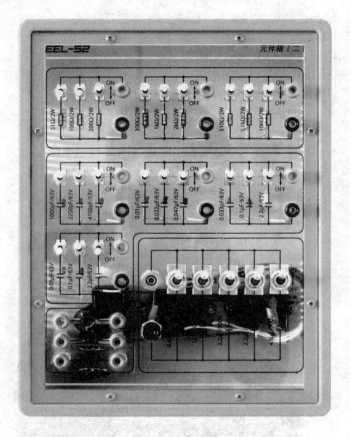

附图 1-6　元件箱

单、三相交流电路实验箱如附图 1-7 所示。

附图 1-7　单、三相交流电路实验箱

继电接触控制箱如附图 1-8 所示。继电器的额定电压为 220 V。

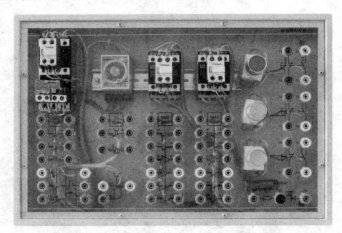

附图 1-8　继电接触控制箱

三相电动机如附图 1-9 所示。

附图 1-9　三相电动机

附录二　模拟电路实验箱简介

　　本实验箱可完成"模拟电路"课程实验,使用该实验箱时,需配备示波器、函数发生器、交流毫伏表、万用表,以完成多种模拟电子线路实验及综合性、设计性实验。

一、技术性能

1. 电源

输入：AC 220 V

输出：(1)DC V：$-5\sim-12$ V 可调，DC $I=0.2$ A

(2)DC V：$+5\sim+27$ V 可调，DC $I=0.2$ A

(3)DC V：±12 V，DC $I=0.2$ A

(4)DC V：±5 V，DC $I=1$ A

以上各路电源均有过流保护、自动恢复功能。

(5)AC V：7.5 V×2；AC $I=0.15$ A

2. 直流电压信号源

双路：$-0.5\sim+0.5$ V，$-5\sim+5$ V 两挡连续可调。

3. 数字直流电压表

量程为 $0\sim30$ V。

4. 电位器组

3 只独立电位器：10 kΩ、100 kΩ、470 kΩ、1 MΩ。

二、电路构成

本实验箱由电源、直流电压源、电位器组、线路区等几部分组成，如附图 2 所示。

三、使用方法

1. 将标有 220 V 的电源线插入市电插座，接通开关，直流电源指示灯亮，表示实验箱电源工作正常。

2. 连接线：实验箱面板上的插孔应使用专用连接线，该连接线插头可叠插使用，顺时针向下旋转即可锁紧，逆时针向上旋转即可松开。

3. 实验时，应先阅读实验指导书，在断开电源开关的状态下按实验线路接好连接线（实验中用到可调直流电源时，应在该电源调到实验值时再接到实验线路中），检查无误后再接通主电源。

4. 实验箱面板上的实验线路凡标 VCC、VEE 处均未接通电源，需在实验时根据实验线路要求接入相应电源，运算放大器单元的电源及所有接地端均已在板内接好。

四、实验箱面板图

模拟电路实验箱面板如附图 2 所示。

附图 2　模拟电路实验箱面板

附录三　数字电路实验箱简介

一、技术性能

1. 电源

输入：AC 220 V

输出：(1)DC V：$+1.2 \sim +12$ V 可调，DC $I=0.5$ A

(2)DC V：$+5$ V，DC $I=2$ A；DC $V=-5$ V，DC $I=0.5$ A；DC V：± 12 V，DC $I=0.5$ A

以上各路电源均有过流保护、自动恢复功能。

2. 手动单脉冲

手动单脉冲电路四组，每组可同时输出正、负两个脉冲，脉冲幅值为 TTL 电平。

3. 固定脉冲

一组固定频率脉冲输出，可输出 10 种频率：1 Hz、10 Hz、100 Hz、1 kHz、10 kHz、100 kHz、500 kHz、1 MHz、5 MHz、10 MHz。

4. 可调脉冲

一组可调连续脉冲输出，输出范围为 0～100 kHz。

5. 时序脉冲

一组时序信号，T_1、T_2、T_3、T_4，可连续输出或单拍输出。

6. 逻辑电平的输入与显示

(1)十六位独立逻辑电平开关：可输出"0"、"1"电平。

(2)十六位由彩色 LED 及驱动电路组成的逻辑电平显示电路。

7. 数码管显示

六位由八段 LED 数码管组成的 BCD 码译码显示电路。

二、实验箱面板图

数字电路实验箱面板如附图 3 所示。

附图 3　数字电路实验箱面板

附录四　常用仪器简介

一、SPF10 数字合成函数信号发生器

1. 主要技术指标

该信号发生器的主要技术指标如附表 4-1 所示。

附表 4-1	SPF10 数字合成函数信号发生器的主要技术指标
输出频率	1 μHz ～ 10 MHz（正弦波、方波） 1 μHz～100 kHz（其余波形）
输出幅度	1 mV$_{pp}$～10 V$_{pp}$（50 Ω 负载） 2 mV$_{pp}$～20 V$_{pp}$（1 MΩ 负载）

续表

输出波形	正弦波、方波、脉冲波、三角波、锯齿波、TTL 脉冲波等波形以及 AM、FM、ASK、FSK、PSK 多种调制波形（机内预存 32 种波形）	
正弦波失真	≤ 0.1%（f:20 Hz～100 kHz）	
采样速率	200 MS/s	
计数器	测频范围	1 Hz～100 MHz
	计数容量	≤ 4.29 × 10⁹
显示	12 位 VFD 荧光显示	
其他	带功率放大模块，B 路输出，输出波形为正弦波，最大输出功率为 8 W，输出幅度为 1 V$_{pp}$～10 V$_{pp}$（>4 Ω 负载），输出频率为 100 μHz ～ 20 kHz	
外形尺寸	255 mm×370 mm×100 mm	
质量	3.5 kg	

2. 前面板

SPF10 数字合成函数信号发生器的前面板如附图 4-1 所示。

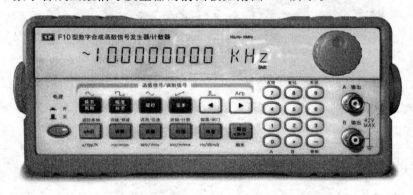

附图 4-1　SPF10 数字合成函数信号发生器的前面板

前面板上的键盘按键功能说明如下：

数字输入键及其功能如附表 4-2 所示。

附表 4-2　　　　　　　　　　　　　　数字输入键及其功能

键名	主功能	第二功能
0	输入数字 0	无
1	输入数字 1	无

续表

键名	主功能	第二功能
2	输入数字 2	无
3	输入数字 3	无
4	输入数字 4	无
5	输入数字 5	无
6	输入数字 6	无
7	输入数字 7	进入点频
8	输入数字 8	进入复位
9	输入数字 9	进入系统
·	输入小数点	无
—	输入负号	无
◀	闪频数字左移*	选择脉冲波
▶	闪频数字右移	选择任意波

* 输入数字未输入单位时:按下此键,删除当前数字的最低位数字,可用来修改当前输错的数字。

功能键及其功能如附表 4-3 所示。

附表 4-3　　　　功能键及其功能

键名	主功能	第二功能	计数第二功能	单位功能
频率/周期	频率选择	正弦波选择	无	无
幅度/脉宽	幅度选择	方波选择	无	无
键控	键控功能选择	三角波选择	无	无
菜单	菜单选择	升锯齿波选择	无	无
调频	调频功能选择	存储功能选择	衰减选择	ms/mV$_{pp}$
调幅	调幅功能选择	调用功能选择	低通选择	MHz/V$_{rms}$
扫描	扫描功能选择	测频功能选择	测频/计数选择	kHz/mV$_{rms}$
猝发	猝发功能选择	直流偏移选择	闸门选择	Hz/dBm

其他键及其功能如附表 4-4 所示。

附表 4-4　　　　其他键及其功能

键名	主功能	其他
输出	信号输出与关闭切换	扫描功能和猝发功能的单次触发
Shift	和其他键一起实现第二功能,远程时退出远程	单位:s/V$_{pp}$

前面板上共有 24 个键,按键按下后,会用响声"嘀"来提示。

大多数按键是多功能键。每个按键的基本功能标在该按键上,要实现某按键的基本功能,只需按下该按键即可。

大多数按键有第二功能,第二功能用蓝色标在这些按键的上方,要实现按键的第二功能,只需先按下 Shift 键再按下该按键即可。

少部分按键还可作单位键,单位标在这些按键的下方。要实现按键的单位功能,只需先按下数字键,接着再按下该按键即可。

二、SM2030A 数字交流毫伏表

1. 主要技术指标

该交流毫伏表的主要技术指标如附表 4-5 所示。

附表 4-5　　　　　　　　　　**SM2030A 数字交流毫伏表的主要技术指标**

产品型号		SM2030A
频率范围		5 Hz~3 MHz
电压分辨率	量程	显示三位半
	3 mV	0.001 mV
	30 mV	0.01 mV
	300 mV	0.1 mV
	3 V	0.001 V
	30 V	0.01 V
	300 V	0.1 V
测量范围	交流电压	50 μV~300 V
	dBV	-86~50 dBV(0 dBV=1 V)
	dBm	-83~52 dBm(0 dBm=1 mW 600 Ω)
	V_{pp}	140 μV~850 V
最大不损坏输入电压	量程	最大输入电压
	3~300 V	350 V_{rms}(5 Hz~5 MHz)
	3~300 mV	350 V_{rms}(5 Hz~1 kHz),35 V_{rms}(1~10 kHz),10 V_{rms}(10 kHz~5 MHz)
电压测量误差		$\pm2.5\%$读数$\pm0.8\%$量程(5~100 Hz)
		$\pm1.5\%$读数$\pm0.5\%$量程(100~500 kHz)
		$\pm2\%$读数$\pm1\%$量程(500 kHz~2 MHz)
		$\pm3\%$读数$\pm1\%$量程(2~3 MHz)
		$\pm4\%$读数$\pm2\%$量程(3~5 MHz)
机械特性(外形尺寸/质量)		106 mm×260 mm×375 mm/约 3 kg
量程		3 mV, 30 mV, 300 mV, 3 V, 30 V, 300 V

2. 前面板

SM2030A 数字交流毫伏表的前面板如附图 4-2 所示。

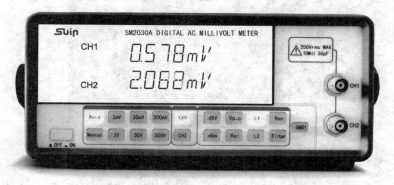

附图 4-2　SM2030A 数字交流毫伏表的前面板

三、数字存储示波器

TDS2000C 数字存储示波器的主要参数有：50 MHz 带宽，500 MS/s 采样率，2 通道。

1. 前面板和用户界面

TDS2000C 数字存储示波器的前面板如附图 4-3 所示。

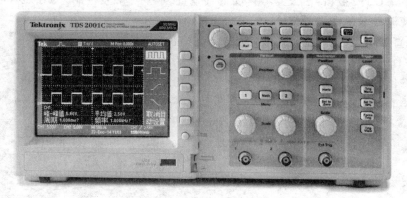

附图 4-3　TDS2000C 数字存储示波器的前面板

　　TDS2000C 示波器面板上包括旋钮和功能按键。显示屏右侧一列 5 个灰色按键为菜单操作键（自上而下定义为 1 号至 5 号），可以设置当前菜单的不同选项；其他按键为功能键，可以进入不同的功能菜单或直接获得特定的功能应用。

　　TDS2000C 数字存储示波器的用户界面如附图 4-4 所示。

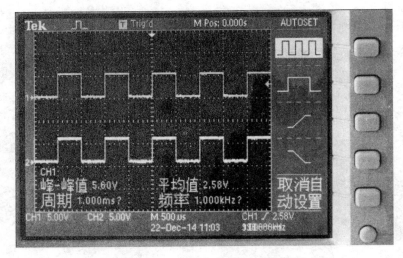

附图 4-4　TDS2000C 数字存储示波器的用户界面

2. 示波器的初步操作

(1)自动设置。

①将被测信号连接到信号输入通道。

②按下 AUTO 按钮,示波器将自动设置垂直、水平和触发控制。如需要,可手工调整这些控制使波形显示达到最佳。

(2)垂直控制系统。如附图 4-5 所示,在垂直控制区(Vertical)有一系列按键、旋钮。下面介绍垂直设置的使用。

使用垂直位置 Position 旋钮可以垂直上下移动波形的位置。当转动垂直位置 Position 旋钮时,指示通道地水平基准线的标识跟随波形而上下移动。

测量技巧:如果通道耦合方式为 DC,可以通过观察波形与信号地水平基准线之间的差距来快速测量信号的直流分量;如果耦合方式为 AC,信号里面的直流分量被滤除,这种方式可以以更高的灵敏度显示信号的交流分量。

转动垂直标尺 Scale 旋钮改变"Volt/div(伏/格)"垂直挡位,可以上下展开或缩小波形。

(3)水平控制系统。如附图 4-6 所示,在水平控制区(Horizontal)有两个按键、两个旋钮。

①使用水平标尺 Scale 旋钮改变水平挡位设置,具体数值显示在显示窗口正下方中间的位置。旋转此旋钮,可以在水平方向上左右展开或压缩

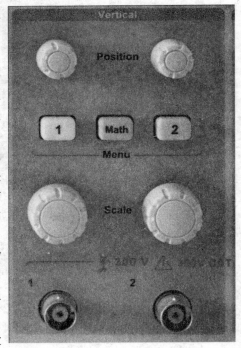

附图 4-5　垂直控制系统

波形。

②使用水平位置旋钮 Position 可调整信号在波形窗口的水平位置。旋转此旋钮,可以左右移动波形。

(4)触发系统。如附图 4-7 所示,在触发控制区(Trigger)有一个旋钮、四个按键。

使用 Level 旋钮改变触发电平设置。

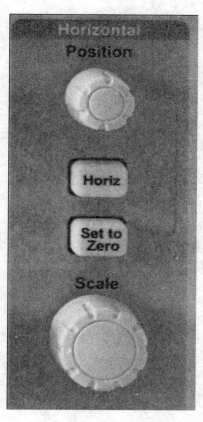

附图 4-6　水平控制系统

附图 4-7　触发系统

参考文献

[1]秦曾煌.电工学.第七版.北京:高等教育出版社,2009.

[2]徐淑华.电工电子技术实验教程.北京:电子工业出版社,2012.

[3]席建中,陈松柏,何勇.电工电子技术实验.北京:高等教育出版社,2014.

[4]张海南.电工技术电子技术实验指导书.第二版.西安:西北工业大学出版社,2008.

[5]彭靳,赵世武.电工技术电子技术实验.合肥:中国科学技术大学出版社,2013.

[6]马艳.电路基础实验教程.北京:电子工业出版社,2012.

[7]马薪金.电工仪表与电路实验技术.北京:机械工业出版社,2007.

[8]梁青.Multisim 11 电路仿真与实践.北京:清华大学出版社,2012.

[9]郭锁利.基于 Multisim 的电子系统设计、仿真与综合应用.第二版.北京:人民邮电出版社,2012.

图书在版编目(CIP)数据

电工电子技术实验教程/高洪霞,于欣蕾主编.—济南:
山东大学出版社,2015.4(2017.8 重印)
高等学校电工电子基础实验系列教材/马传峰,王洪君总主编
ISBN 978-7-5607-5260-0

Ⅰ.①电…　Ⅱ.①高…　②于…　Ⅲ.①电工技术－实
验－高等学校－教材②电子技术－实验－高等学校－教材
Ⅳ.①TM-33②TN-33

中国版本图书馆 CIP 数据核字(2015)第 067592 号

责任策划:刘旭东
责任编辑:宋亚卿
封面设计:张　荔

出版发行:山东大学出版社
社　　址:山东省济南市山大南路 20 号
邮　　编:250100
电　　话:市场部(0531)88364466
经　　销:山东省新华书店
印　　刷:泰安金彩印务有限公司
规　　格:787 毫米×1092 毫米　1/16
　　　　　10.5 印张　237 千字
版　　次:2015 年 4 月第 1 版
印　　次:2017 年 8 月第 2 次印刷
定　　价:18.00 元